# 멘사퍼즐 패턴게임

MENSA : PUZZLE CHALLENGE by MENSA

# 멘사퍼즐 패턴게임

**브리티시 멘사** 지음

보누스

멘사퍼즐 패턴게임의 세계에 오신 것을 진심으로 환영합니다. 이 책은 두뇌를 활성화하고 수학적 사고력을 키워주는 것은 물론, 일상에서도 꾸준히 두뇌 단련 프로그램으로 활용할 수 있도록 여러분을 도와줄 것입니다. 130개가 넘는 흥미진진한 퍼즐이 여러분을 기다리고 있습니다. 몇 초면 풀 수 있는 매우 쉬운 문제도 있고, 하루 종일 머리를 싸매도 풀기 어려운 문제까지 골고루 들어 있지요.

사람에 따라 문제의 난이도가 완전히 다르게 다가올 것입니다. 성격이나 해결 방향에 따라서 어떤 퍼즐 유형은 쉽고, 어떤 유형은 어렵다고 느껴지겠지요. 같은 유형이지만 풀이법이 완전히 달라지는 문제도 있습니다. '이건 아까 봤던 문제와 같은 패턴이잖아?'라고 생각해 똑같은 방법으로 접근했다가는 문제를 풀어낼 수 없을지도 모릅니다. 이것이 정교하게 제작된 멘사퍼즐의 매력이기도 하지요.

문제를 풀다 막힐 때가 있다면, 잠시 멈추고 다른 퍼즐 유형을 풀어보다가 다시 본래의 문제로 돌아와 이어서 풀어보길 바랍니다. 때로는 이렇게 머리를 환기하는 것만으로도 번뜩이는 영감을 얻을 수 있을 겁니다. 풀다가 도저히 뚫어낼 수 없을 정도로 꽉 막히는 문제가 생기더라도 걱정하지 마세요. 그럴 때를 대비해 최후의 수단으로 책에 친절

한 해답을 실어놓았습니다.

쉽게 실마리를 찾지 못하는 문제를 만나면 바로 해답 페이지에 손이 갈 수도 있겠지요. 하지만 영영 풀지 못할 것 같은 퍼즐을 끈질기게 붙잡고 늘어지면서 마침내 정답을 구해냈을 때의 쾌감은 그 무엇과도 바꿀 수 없는 즐거움입니다. 여러분이 그 즐거움을 온전히 느낄 수 있으면 좋겠습니다.

짧게는 며칠이나 일주일, 길게는 몇 달이 걸리더라도 꾸준히 퍼즐을 풀어보세요. 성취감과 자신감은 물론, 일상의 크고 작은 문제를 해결하는 능력까지 몰라보게 달라지리라 믿습니다. 더불어 이 책이 여러분의 일상을 새롭게 바꾸는 활력소가 된다면 더할 나위 없이 기쁠 것입니다.

흥미로운 멘사퍼즐을 즐기며 두뇌를 단련해 보시기 바랍니다!

멘사란 무엇인가?

멘사란 '탁자'를 뜻하는 라틴어로, 지능지수 상위 2% 이내(IQ 148 이상)의 사람만 가입할 수 있는 천재들의 모임이다. 1946년 영국에서 창설되어 현재 100여 개국 이상에 14만여 명의 회원이 있다. 멘사코리아는 1998년에 문을 열었다. 멘사의 목적은 다음과 같다.

- 첫째, 인류의 이익을 위해 인간의 지능을 탐구하고 배양한다.
- 둘째, 지능의 본질과 특징, 활용처 연구에 힘쓴다.
- 셋째, 회원들에게 지적·사회적으로 자극이 될 만한 환경을 마련한다.

IQ 점수가 전체 인구의 상위 2%에 해당하는 사람은 누구든 멘사 회원이 될 수 있다. 우리가 찾고 있는 '50명 가운데 한 명'이 혹시 당신은 아닌지?

멘사 회원이 되면 다음과 같은 혜택을 누릴 수 있다.

- 국내외의 네트워크 활동과 친목 활동
- 예술에서 동물학에 이르는 각종 취미 모임
- 매달 발행되는 회원용 잡지와 해당 지역의 소식지
- 게임 경시대회, 친목 도모 등을 위한 지역 모임
- 주말마다 열리는 국내외 모임과 회의
- 지적 자극에 도움이 되는 각종 강의와 세미나
- 여행객을 위한 세계적인 네트워크인 'SIGHT' 이용 가능

멘사에 관해 더 많은 정보가 필요하시면, www.mensakorea.org를 방문해 주세요.

# 차 례

일러두기

- 각 문제 아래에 있는 쪽번호 옆에 해결 여부를 표시할 수 있는 칸이 있습니다. 이 칸을 채운 문제가 늘어날수록 지적 쾌감도 커질 테니 꼭 활용해 보시기 바랍니다.
- 이 책에서 '직선'은 '두 점 사이를 가장 짧게 연결한 선'이라는 사전적 의미로 사용되었습니다.
- 이 책의 해답란에 실린 해법 외에도 답을 구하는 다양한 방법이 있음을 밝혀둡니다.

# MENSA PUZZLE

# 문 제

다음 표에 있는 모양은 각기 다른 값을 지닌다. 그리고 표 바깥에 있는 숫자는 각 행 또는 열의 값을 더한 값이다. A, B, C, D 자리에 들어갈 알맞은 숫자는 무엇인가? 또 각 모양의 값은 무엇인가?

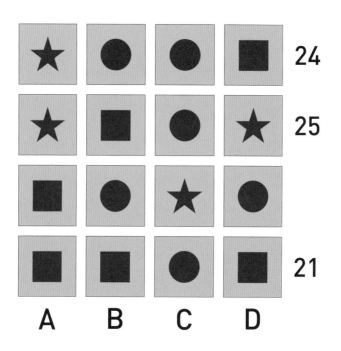

답:162쪽

다음 중 같은 상자가 아닌 것은 A~C 중 어떤 것인가?

A
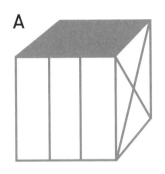

B
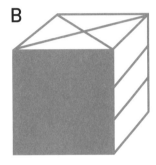

C
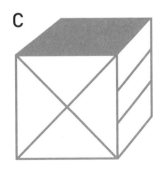

다음 표에 있는 모양은 각기 다른 값을 지닌다. 그리고 표 바깥에 있는 숫자는 각 행 또는 열의 값을 더한 값이다. 물음표 자리에 들어갈 알맞은 숫자는 무엇인가? 또 각 모양의 값은 무엇인가?

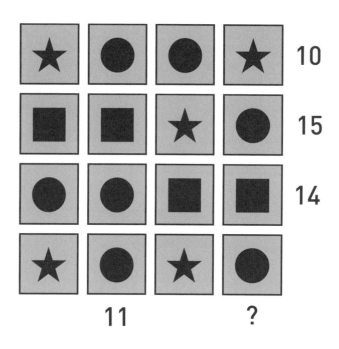

아래 금고를 여는 방법은 하나뿐이다. OPEN 버튼에 도달하려면 모든 버튼을 한 번씩만 올바른 순서로 눌러야 한다. 각 버튼에는 가능한 이동 횟수와 함께 이동 방향이 표시되어 있다. U는 위, L은 왼쪽, D는 아래, R은 오른쪽을 가리키며, 각 버튼에 적힌 숫자는 이동 횟수를 뜻한다. 금고를 열려면 어느 버튼을 제일 먼저 눌러야 할까?

답:162쪽 13

다음 숫자 조각들을 조합하여 각 행과 열에 같은 숫자가 배열되도록 정사각형을 만들어라. 예를 들어 첫 번째 행이 1-2-3-4-5라면 첫 번째 열도 1-2-3-4-5여야 한다. 완성된 사각형은 어떤 모습일까?

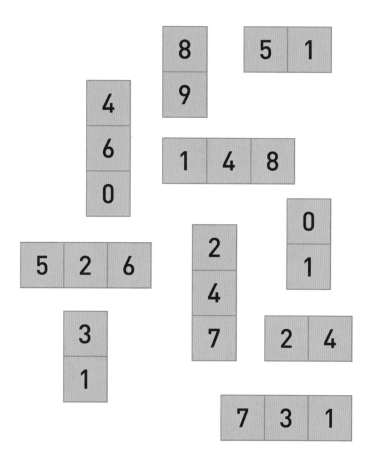

다음 그림에서 A열과 B열은 각기 다른 규칙으로 나열되어 있다. A열
과 B열의 물음표 자리에는 각각 어떤 숫자가 들어가야 할까?

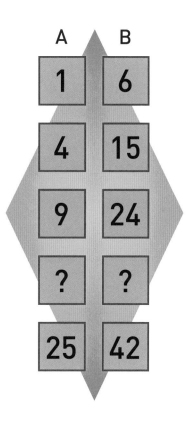

다음 그림에서 물음표 자리에 와야 할 그림은 보기 A, B, C, D 중 어느 것일까?

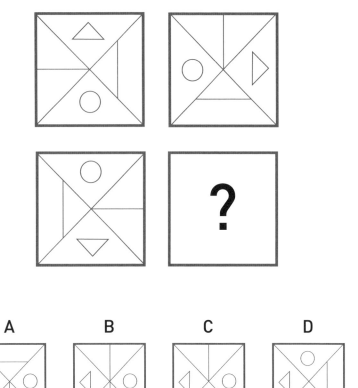

다음 그림에서 물음표 자리에 와야 할 그림은 보기 A, B, C, D 중 어느 것일까?

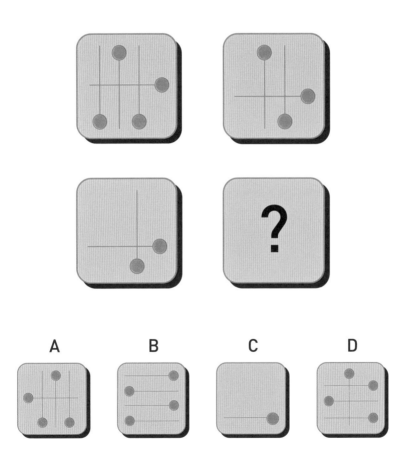

A        B        C        D

답:162쪽

다음 그림에서 물음표 자리에 와야 할 숫자는 어떤 것일까?

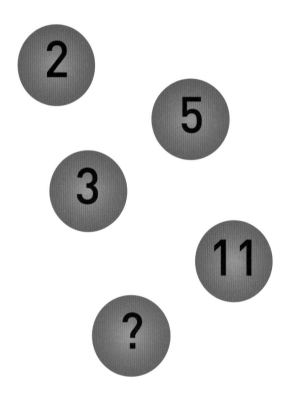

각 도형은 일정한 값을 지닌다. 저울 1과 2는 완벽한 균형을 이루고 있
는데, 저울 3의 균형을 맞추려면 정사각형이 몇 개 필요할까?

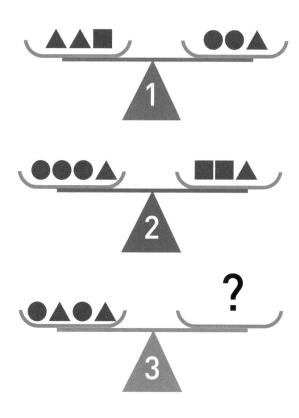

다음 표에서 무늬 조합이 서로 같은 칸은 어떤 것과 어떤 것인가?

|   | A | B | C | D |
|---|---|---|---|---|
| 1 | ▲ ▲ ● ▲ | ● ● ● ● | ★ ▲ ● ▲ | ★ ● ● ▲ |
| 2 | ★ ● ★ ▲ | ● ▲ ▲ ● | ★ ▲ ★ ★ | ▲ ▲ ★ ★ |
| 3 | ● ★ ● ● | ★ ★ ★ ★ | ● ★ ★ ● | ▲ ▲ ▲ ▲ |
| 4 | ● ● ▲ ★ | ▲ ▲ ▲ ★ | ★ ★ ● ★ | ● ● ▲ ● |

다음 원반들 중 나머지 셋과 다른 하나는?

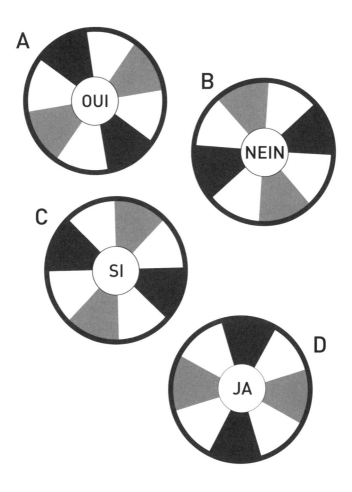

다음 표에서 같은 무늬로 조합된 칸은 어떤 것과 어떤 것인가?

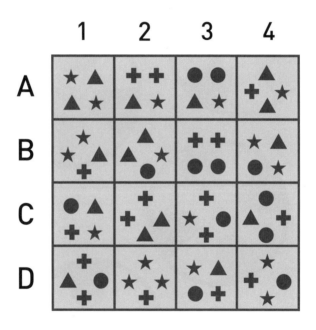

다음 표에 있는 기호는 각각 값을 가지며, 그중 하나는 음수다. 물음표
에 들어갈 수 있는 숫자는 무엇이며, 기호들은 각각 어떤 값을 갖는가?

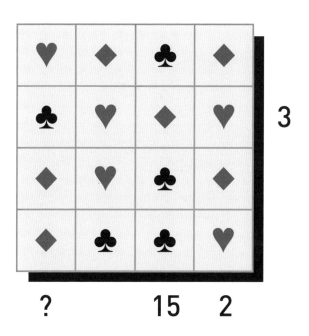

# 015

다음 그림에서 A열에는 세 마리의 토끼가 있다. 또 다른 세 마리 토끼는 C열에 있다. B열에는 두 마리의 토끼가 있다. 이런 방식으로 모든 토끼가 선으로 연결되어 있다고 가정한 다음 문제를 풀어보자.

1. 토끼가 세 마리 있는 줄은 몇 줄인가?

2. 토끼가 두 마리 있는 줄은 몇 줄인가?

3. 토끼를 세 마리 제거해서 토끼가 세 마리 있는 줄이 세 줄이 되려면 토끼 여섯 마리를 어떻게 배열해야 할까?

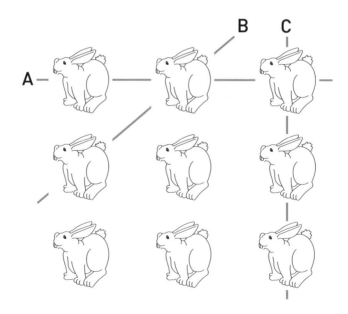

다음 기호는 미켈란젤로(Michelangelo), 컨스터블(Constable), 레오나르도 다빈치(Leonardo Da Vinci)라는 세 명의 예술가 이름을 암호화한 것이다. 그렇다면, 1~6에 암호로 적힌 이름은 누구일까?

**1** ⊖⊕⊕⊝⊗⊖

**2** ⊙⊗⊙⊖

**3** ⊖⊗⊖⊖⊖⊖⊗⊖⊗

**4** ⊙⊕⊖⊖⊗⊖⊗⊖⊕⊕

**5** ⊗⊕⊖⊖⊖

**6** ⊗⊗⊖⊖   ⊕⊕⊕⊖

다음 그림에서 물음표 자리에 들어갈 수 있는 숫자는 어떤 것인가?

| 6 | 2 | 4 |
|---|---|---|
| 9 | 4 | 5 |
| 8 | 7 | 1 |
| 4 | 1 | ? |

다음 그림에서 시계들이 이상하게 움직이고 있다. 시침과 분침이 따로 움직이지만 어떤 규칙을 따르고 있다. 그렇다면 4번 시계는 몇 시 몇 분을 나타내야 할까?

다음 그림에서 알파벳이 인접하는 칸으로 이동하면서 찾을 수 있는 가장 긴 국가 이름은 무엇일까? 대각선으로 이동해도 좋다.

| Z | E | D | N |
|---|---|---|---|
| W | T | R | A |
| I | S | L | P |

다음 그림에서 빈 사각형의 위아래 기호는 아래 표에 위치한 알파벳을 가리킨다. 위쪽 기호를 택할 것인지 아래쪽 기호를 택할 것인지 결정해서 사각형에 알맞은 알파벳을 넣으면 유명한 권투 선수의 이름이 된다. 그 이름은 누구일까?

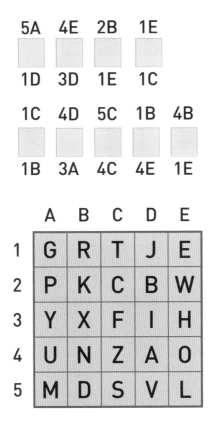

다음 숫자 조각들을 조합하여 각 행과 열에 같은 숫자가 배열되도록 정사각형을 만들어라. 예를 들어 첫 번째 행이 1-2-3-4-5라면 첫 번째 열도 1-2-3-4-5여야 한다. 완성된 사각형은 어떤 모습일까?

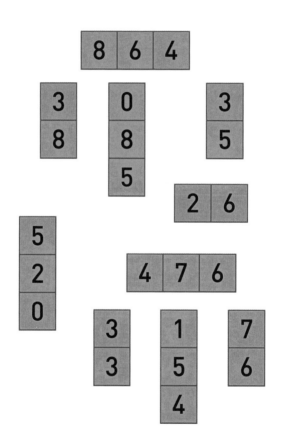

맨 왼쪽 원에서부터 시작하여 맨 오른쪽 원까지 선을 따라 이동하면서 만나는 숫자와 다이아몬드와 타원을 모두 더한다. 타원의 값은 -10이며, 다이아몬드의 값은 -15이다. 가능한 합의 최솟값과 최댓값은 각각 얼마일까?

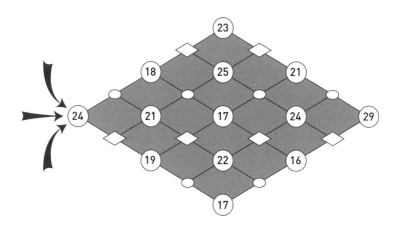

다음 그림에서 빈 사각형의 위아래 기호는 위 표에 위치한 알파벳을 가리킨다. 위쪽 기호를 택할 것인지 아래쪽 기호를 택할 것인지 결정해서 사각형에 알맞은 알파벳을 넣으면 작곡가의 이름이 된다. 그 이름은 누구일까?

| | A | B | C | D | E |
|---|---|---|---|---|---|
| 1 | W | T | E | D | E |
| 2 | F | C | R | H | P |
| 3 | E | U | A | I | U |
| 4 | K | M | B | V | S |
| 5 | O | L | J | G | N |

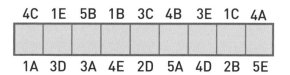

다음 보기는 알파벳의 기호 코드를 나타낸 것이다. 이 보기를 활용해
기호 코드들이 나타내는 과학자들이 누구인지 알아내라.

A B C D E F G H I

L M N O P R S T U

1 

2 

3 

4 

5 

6 

7 

8 

9 

10

화살표가 일정한 규칙에 따라 배치되어 있다. 물음표에 들어갈 화살표는 어느 방향을 가리키고 있을까?

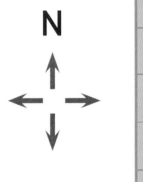

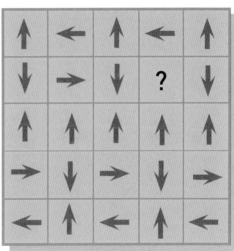

여기 특이한 금고가 있다. OPEN 버튼에 도달하려면 모든 버튼을 한 번씩만 올바른 순서로 눌러야 한다. 각 버튼에는 가능한 이동 횟수와 함께 이동 방향이 표시되어 있다. U는 위, L은 왼쪽, D는 아래, R은 오른쪽을 가리키며, 각 버튼에 적힌 숫자는 이동 횟수를 뜻한다. 금고를 열려면 어느 버튼을 제일 먼저 눌러야 할까?

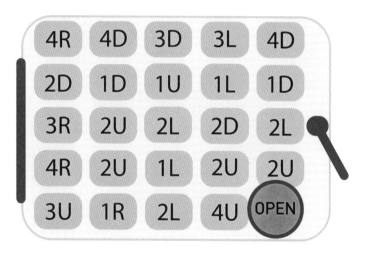

# 027

다음 숫자 조각들을 조합하여 각 행과 열에 같은 숫자가 배열되도록 정사각형을 만들어라. 예를 들어 첫 번째 행이 1-2-3-4-5라면 첫 번째 열도 1-2-3-4-5여야 한다. 완성된 사각형은 어떤 모습일까?

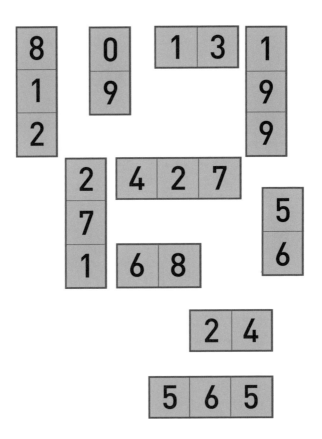

다음 숫자들 중 나머지와 다른 하나는?

다음 중 같은 상자가 아닌 것은 A~F 중 어떤 것인가?

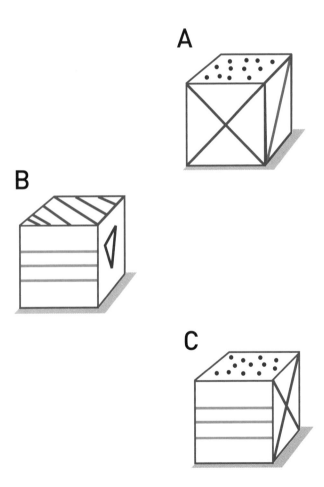

D

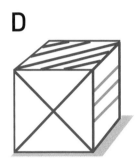

E

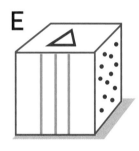

F

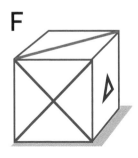

다음 숫자 조각들을 조합하여 각 행과 열에 같은 숫자가 배열되도록 정사각형을 만들어라. 예를 들어 첫 번째 행이 1-2-3-4-5라면 첫 번째 열도 1-2-3-4-5여야 한다. 완성된 사각형은 어떤 모습일까?

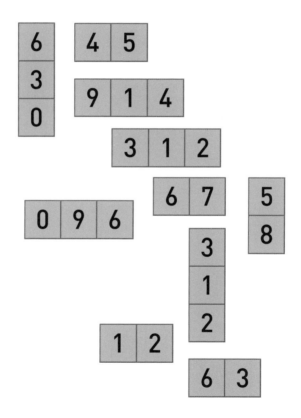

031

제인은 돼지저금통에 5달러 24센트를 모았다. 총액은 1센트, 5센트, 10센트, 25센트, 50센트, 1달러 중에서 4종류의 동전이 똑같은 개수로 구성되어 있다. 제인이 가진 4가지 동전의 종류와 각 동전의 개수는 몇 개인가?

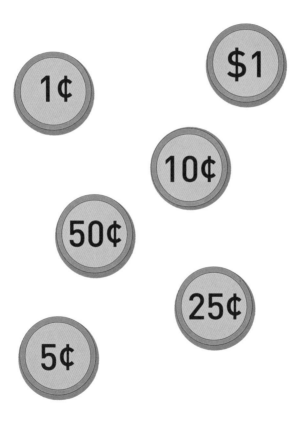

다음 다트판의 물음표 자리에 들어갈 수 있는 숫자는?

다음 시계들의 시침과 분침은 움직임이 이상하지만 논리적으로 움직인다. 네 번째 시계는 몇 시 몇 분인가?

다음에서 삼각형 A와 B가 분홍색이고, 삼각형 C와 D가 주황색이라면, 삼각형 E는 어떤 색이어야 하는가?

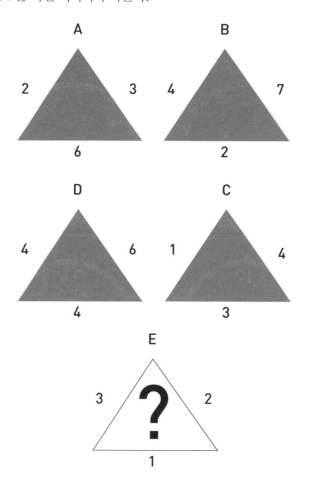

물음표에 들어갈 수 있는 숫자는?

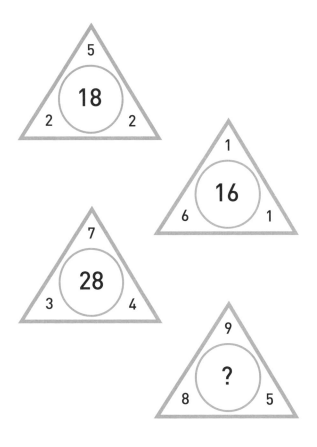

저울 1과 2는 완벽한 균형을 이루고 있다. 저울 3이 균형을 이루기 위
해서는 얼마나 많은 다이아몬드가 필요한가?

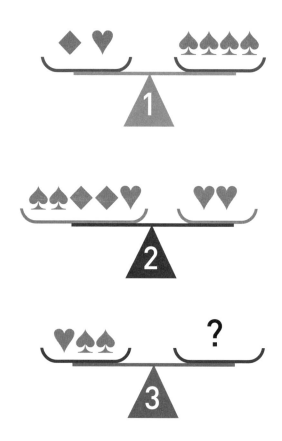

# 037

시계들이 이상하게 움직이고 있다. 네 번째 시계는 몇 시 몇 분을 가리켜야 하는가?

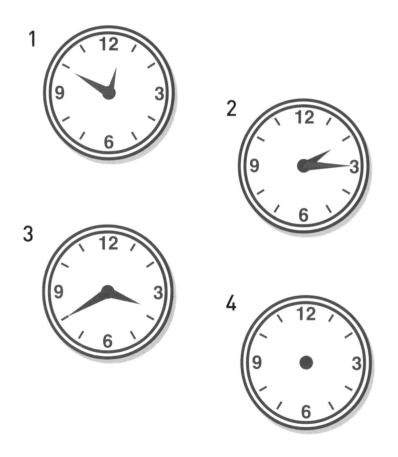

다음 시계들의 시침과 분침은 이상하지만 논리적으로 움직인다. 물음표에 들어올 수 있는 시각은?

다음 표에 있는 모양은 각기 다른 값을 지닌다. 그리고 표 바깥에 있는 숫자는 각 행 또는 각 열의 값을 더한 값이다. 물음표 자리에 들어갈 알맞은 숫자는 무엇인가? 또 각 모양의 값은 무엇인가?

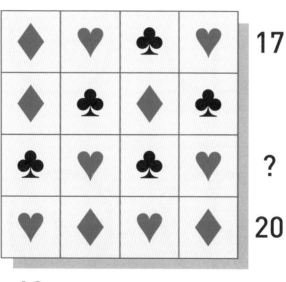

이상한 시계들의 시침과 분침이 제각기 이동한다. 네 번째 시계는 몇
시 몇 분인가?

맨 왼쪽 원에서부터 맨 오른쪽 원까지 선을 따라 이동하면서 만나는 숫자와 도형을 더한다. 숫자가 없는 타원의 값은 2다. 가능한 합의 최솟값은 얼마일까?

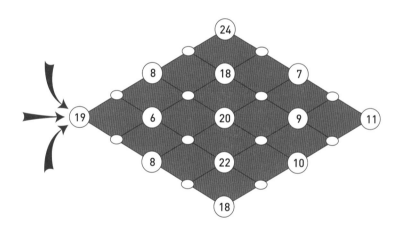

다음 숫자 조각들을 조합하여 각 행과 열에 같은 숫자가 배열되도록 정사각형을 만들어라. 예를 들어 첫 번째 행이 1-2-3-4-5라면 첫 번째 열도 1-2-3-4-5여야 한다. 완성된 사각형은 어떤 모습일까?

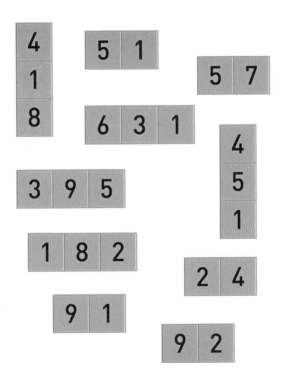

화살표가 일정한 규칙에 따라 배치되어 있다. 물음표에 들어갈 화살표
는 어느 방향을 가리키고 있을까?

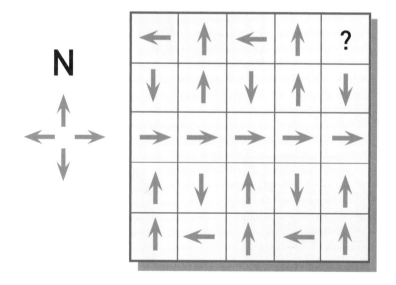

다음 중 같은 상자가 아닌 것은 A~F 중 어떤 것인가?

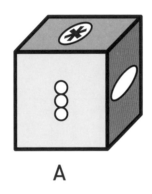

A

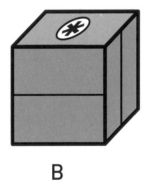

B

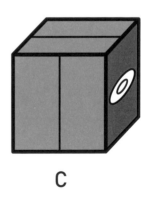

C

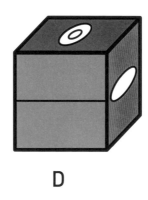

D

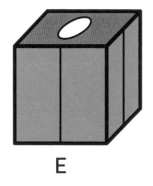

E

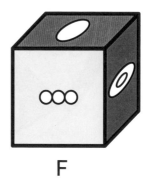

F

아래에 있는 다트판에서 다트 3개로 30점을 얻는 방법이 몇 가지나 있는가? 모든 다트는 다트판에 꽂혀야 하며(각각 1개 이상의 다트가 꽂힐 수도 있음), 모두 득점을 해야 한다. 단, 꽂힌 순서만 다른 같은 점수는 하나의 방법으로 생각한다.

다음 표에 있는 모양은 각기 값을 지닌다. 그리고 표 바깥에 있는 숫자는 각 행 또는 열의 값을 더한 값이다. 물음표 자리에 들어갈 알맞은 숫자는 무엇인가? 또 각 모양의 값은 무엇인가?

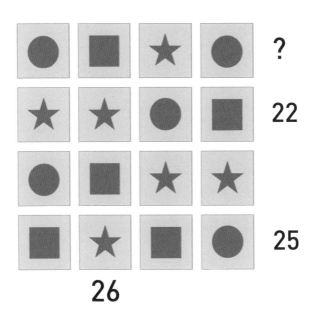

다음 표에 있는 각 모양은 각기 값을 지닌다. 물음표에 들어갈 수 있는
숫자는 무엇일까? 또한 각 모양은 어떤 값을 가질까?

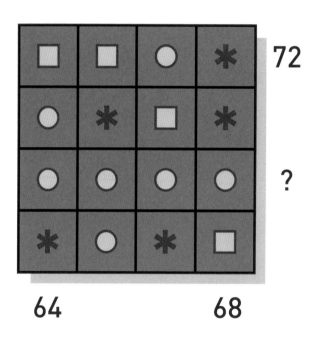

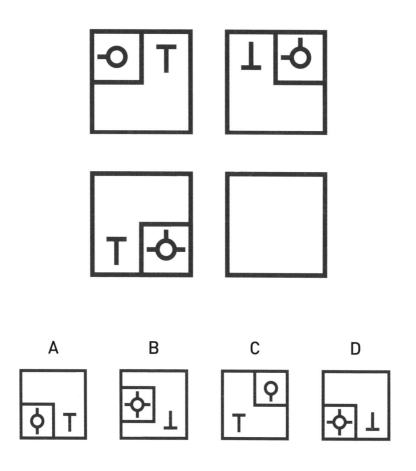

다음 그림에서 물음표에 들어갈 모양은 보기 A, B, C, D 중 어느 것일까?

A    B    C    D

물음표에 들어갈 수 있는 숫자는?

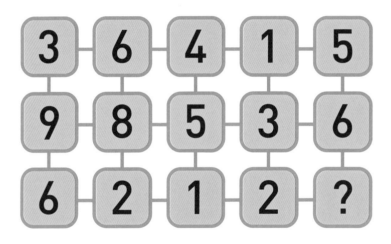

물음표에 들어갈 수 있는 숫자는?

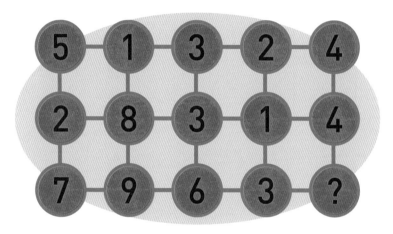

다음 그림에서 물음표 자리에 올 상자의 모양은 보기 A~D 중 어느 것
인가?

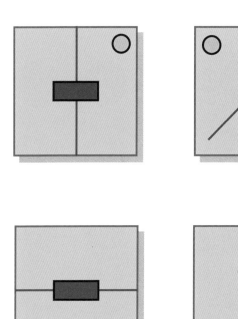

A

B

C

D

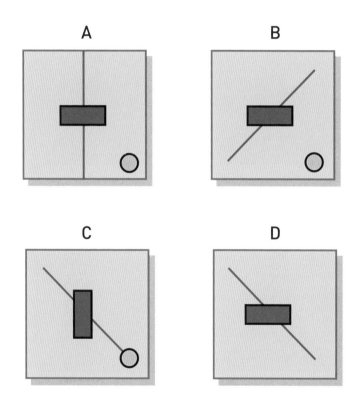

다음 삼각형들의 안과 주변에 있는 숫자들에는 일정한 규칙이 있다.
세 물음표 자리에 들어갈 수 있는 숫자는 무엇일까?

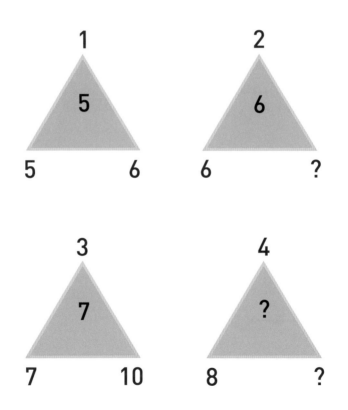

다음 표에 있는 모양은 각기 다른 값을 지닌다. 그리고 표 바깥에 있는 숫자는 각 행 또는 각 열의 값을 더한 값이다. 물음표 자리에 들어갈 알맞은 숫자는 무엇인가? 또 각 모양의 값은 무엇인가?

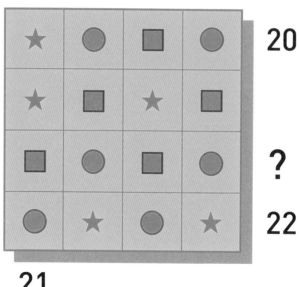

물음표에 들어갈 수 있는 숫자는?

| 7 | 8 | 5 | 3 |
|---|---|---|---|
| 5 | 0 | 6 | 4 |
| 2 | 7 | 8 | 9 |
| 2 | 2 | 7 | 5 |
| ? | ? | 1 | 4 |

물음표에 들어갈 수 있는 숫자는?

| 8 | 1 | 2 | 4 |
|---|---|---|---|
| 6 | 1 | 3 | 7 |
| 9 | 1 | 7 | 8 |
| 5 | 1 | 4 | 9 |
| 8 | ? | ? | 8 |

이들 풍선에 있는 숫자들 중 이상한 숫자는 어떤 것일까?

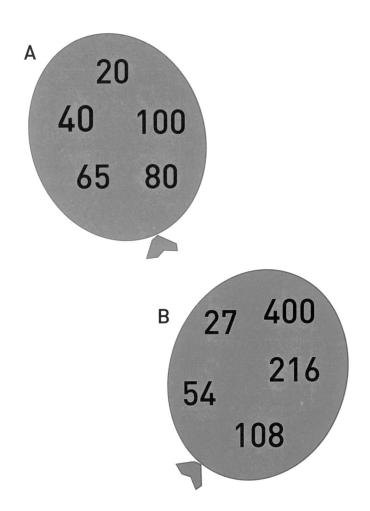

다음 중 같은 상자가 아닌 것은?

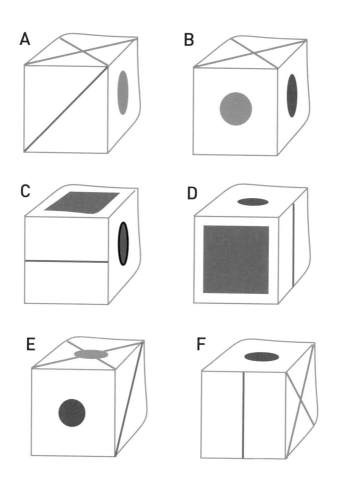

미국(United States)을 다음의 기호로 나타낸다면, 아래는 어떤 미국의
주 이름인가?

$$\vee \cap \breve{\varphi} \times \sharp \Upsilon$$
$$\text{V}\!\!\!\!\text{S} \times \odot \times \sharp \text{V}\!\!\!\!\text{S}$$

1. ♋ ♀ ⋂ ⋂ ♄ ♑ ♍ ♓ ☉

2. ♓ ♄ ✕ ☉ ♑

3. ☉ ♊ ☉ ♑ ♀ ☉

4. ♄ ☉ ♊ ♀ ♀ ♍ ⚻ ⋂ ♀ ☉

5. ♀ ♊ ♍ ⚻ ♀ ♈ ☉

6. ♊ ♍ ∨ ♀ ♑ ♀ ☉ ⋂ ☉

다음과 같이 등식이 성립한다면 노란색의 값은?

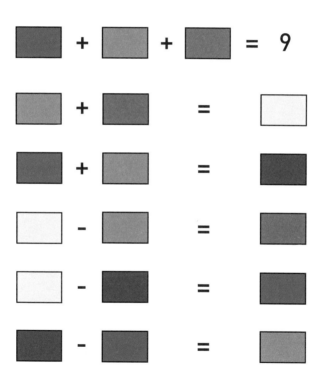

다음 원판에서 두 조각을 골라 각 조각에 씌어 있는 알파벳을 조합하면 미국의 4개 도시의 이름을 만들 수 있다. 어떤 도시들인가?

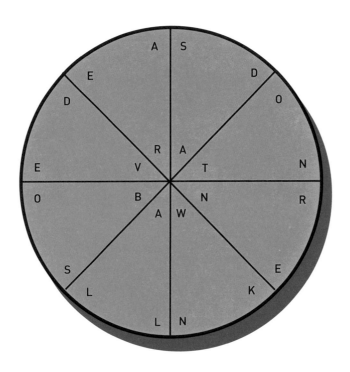

마지막 상자에서 사라진 알파벳은 무엇일까?

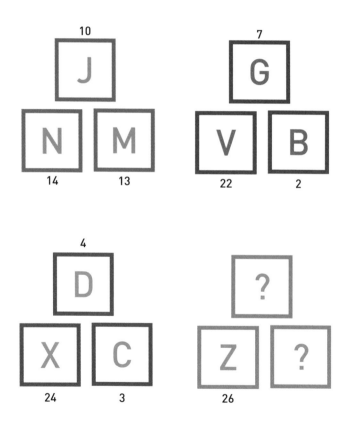

다음 원판의 각 조각에서 한 글자씩 꺼내 캐나다 도시의 이름을 만들어라. 어떤 도시인가?

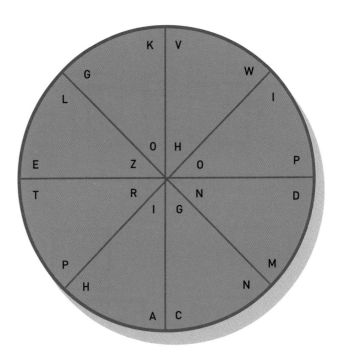

각 삼각형을 둘러싼 글자는 유명 테니스 선수 이름의 자음이다. 삼각형 안에 있는 글자는 그 선수 국적의 첫 글자이다. 네 번째 삼각형의 물음표에 들어갈 수 있는 알파벳은 무엇인가?

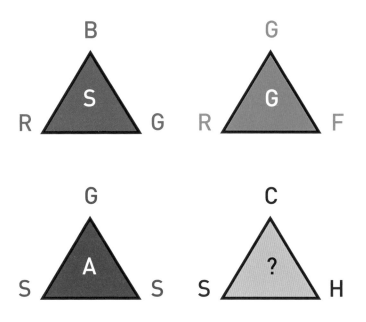

다음 기호가 Presidents(대통령)를 나타낸다면, 아래에 있는 기호들은
어떤 미국 대통령을 가리키는가?

☆ ✳ ✠ ✳ ☆ ♣ ✠ ★ ✳

1. ✠ ✡ ✳ ✳ ✠ ✳

2. ✠ ☆ ✳ ✠ ☆ ★ ☆ ✳ ✠ ✳

3. ✪ ☆ ★ ☆ ✳ ☆ ☆

4. ✳ ✠ ✡ ✧ ✡ ☆

5. ✳ ☆ ★ ✳ ✠ ✶ ✠ ☆ ✳

다음 원판의 각 조각에서 한 글자씩 꺼내 미국 도시의 이름을 만들어라. 어떤 도시인가?

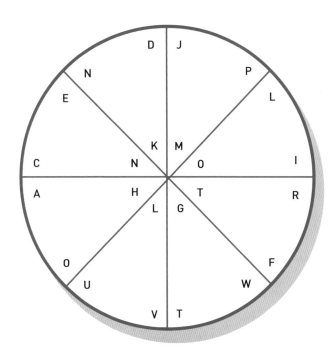

다음 그림에서 빈 사각형의 위아래 기호는 특정한 알파벳을 가리킨다.
위쪽 기호를 택할 것인지 아래쪽 기호를 택할 것인지 결정해서 사각형
에 알맞은 알파벳을 넣으면 테니스 선수의 이름이 된다. 그 이름은 누
구일까? 아래 표를 활용하면 알파벳을 알 수 있다.

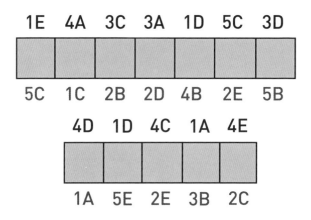

다음에 나열된 유명한 여섯 배우의 성(대문자)을 다음 표의 각 줄에 알맞게 넣으면, 흰 칸에 또 다른 유명 배우의 성이 나타난다.

대각선에 드러난 배우는 누구인가?

Steve MARTIN(스티브 마틴), Andy GARCIA(앤디 가르시아),
Gary COOPER(개리 쿠퍼), Eddie MURPHY(에디 머피),
Keanu REEVES(키아누 리브스), Lee MARVIN(리 마빈).

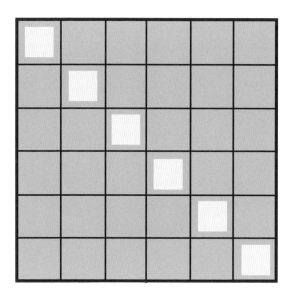

다음 그림에서 서로 맞은편 조각을 결합해 4개의 수도를 만들려면 가운데에 어떤 글자를 넣어야 할까?

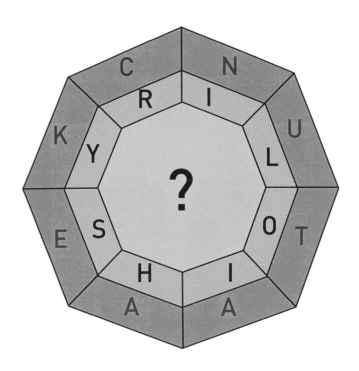

다음 보기의 기호가 Elizabeth Taylor(엘리자베스 테일러)라는 이름이
라면, 다음에 나타난 기호들은 어떤 배우들을 가리키는가?

1. 
2. 
3. 
4. 
5.

다음에 나열된 10개의 자동차 제조업체 이름을 보기 표의 수직, 수평
및 대각선에서 찾을 수 있다. 자동차 제조업체의 이름을 표시해 보자.

Citroen (시트로엔)

Jaguar (재규어)

Peugeot (푸조)

Renault (르노)

Rolls Royce (롤스로이스)

Rover (로버)

Skoda (스코다)

Toyota (도요타)

Volkswagen (폭스바겐)

Yugo (유고)

| R | N | B | L | F | K | X | C | D | R |
|---|---|---|---|---|---|---|---|---|---|
| E | N | D | C | W | Q | H | S | O | E |
| N | E | G | A | W | S | K | L | O | V |
| A | O | H | J | K | O | L | B | P | O |
| U | R | G | V | D | S | F | Y | J | R |
| L | T | C | A | R | A | U | G | A | J |
| T | I | T | O | E | G | U | E | P | M |
| P | C | Y | T | O | Y | O | T | A | B |
| J | C | F | V | G | Z | C | W | D | K |
| E | K | D | P | M | H | Q | G | Y | F |

다음 보기의 기호가 미국 전 대통령 WOODROW WILSON(우드로 윌슨)의 이름을 나타난다면, 다음에 나타난 기호들은 어떤 미국 대통령을 가리키는가?

1.

2.

3.

4.

5.

6.

# 072

알파벳이 쓰인 이상한 체스판에서 기사는 수평 한 칸 그리고 수직 두 칸, 또는 수평 두 칸 그리고 수직 한 칸으로 움직이는 규칙을 가지고 있다. 이 기사가 노란색으로 표시된 칸에서 시작해 같은 칸으로 두 번 돌아가지 않고 모든 칸을 방문해야 한다. 이때 6명의 유명한 영화배우 이름을 발견하게 될 것이다. 그 경로를 표시해 보자.

| O | T | E | S | I | O | T | I |
|---|---|---|---|---|---|---|---|
| M | O | P | S | L | B | G | R |
| E | O | G | N | D | N | G | O |
| N | E | B | O | R | A | I | O |
| H | V | E | J | D | L | M | T |
| S | R | A | E | F | D | R | N |
| E | W | B | U | A | I | R | C |
| O | I | M | N | E | R | E | T |

다음 다이어그램의 다이얼을 돌려 전 세계 11개 호수의 이름을 찾아보
자.(7개 이상 찾으면 정답으로 인정한다.)

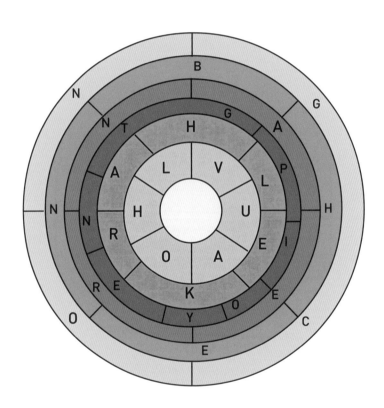

알파벳이 쓰인 이상한 체스판에서 기사는 수평 한 칸 그리고 수직 두 칸, 또는 수평 두 칸 그리고 수직 한 칸으로 움직이는 규칙을 가지고 있다. 이 기사가 회색으로 표시된 칸에서 시작해 같은 칸으로 두 번 돌아가지 않고 모든 칸을 방문해야 한다. 이때 5명의 유명한 골퍼 이름을 발견하게 될 것이다. 그 경로를 표시해 보자.

| O | P | C | A | O | R | N |
|---|---|---|---|---|---|---|
| K | A | T | Y | I | P | D |
| L | M | L | R | C | N | A |
| R | P | I | Y | M | L | D |
| W | A | E | K | N | G | O |
| R | N | E | T | C | L | A |
| R | A | I | O | F | S | E |

다음 상자를 펼치면 보기 A~D 중에서 어떤 모양이 될까?

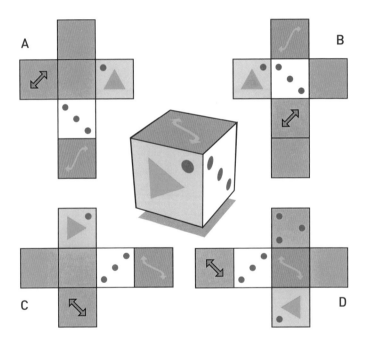

물음표에 들어갈 수 있는 것은 보기 A~D 중 어떤 것인가?

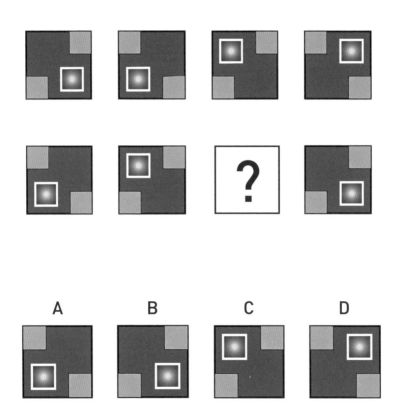

물음표에 들어갈 수 있는 그림은 보기 A~D 중 어떤 것인가?

A

B

C

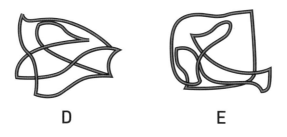

D

E

다음 그림에서 나머지와 다른 하나는 보기 A~E 중 어느 것인가?

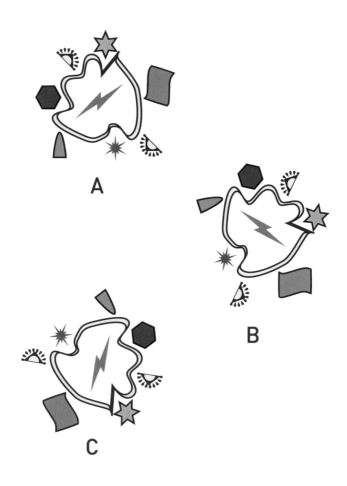

D

E

다음 그림에서 나머지와 다른 하나는 보기 A~D 중 어느 것인가?

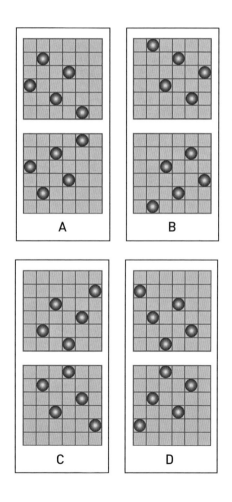

다음의 레버와 롤러 장치에서, 검은 점은 고정된 축이고 회색 점은 회전하는 축이다. 이때 그림과 같이 레버를 밀면(🖐) A와 B의 하중은 상승하는가? 또는 하강하는가?

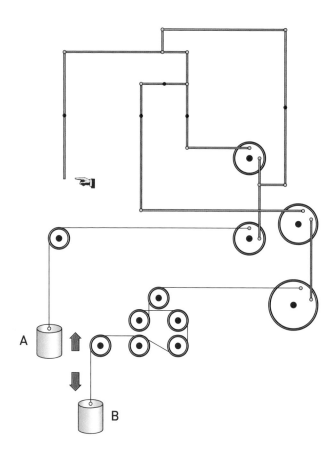

다음에서 물음표 자리에 오는 그림은 보기 A~F 중 어떤 그림인가?

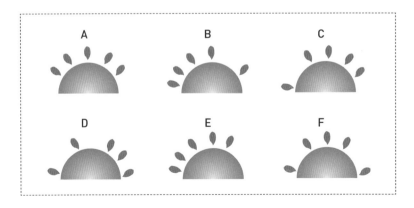

다음의 톱니, 레버, 롤러 장치에서 검은 점은 고정된 축이고 빨간 점은 회전하는 축이다. 이때 그림과 같이 상단에 있는 레버를 밀면(  ) A 와 B의 하중은 상승하는가? 또는 하강하는가?

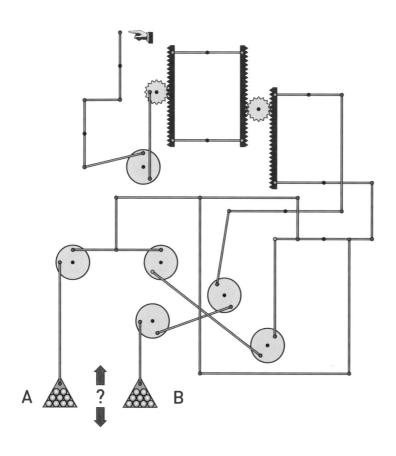

# 083

그림 A와 그림 B에서 서로 다른 점을 14개 찾아 그림 B에 표시하라.

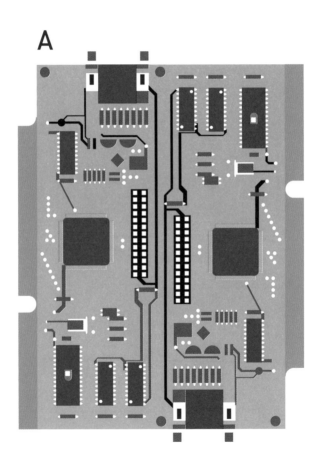

B

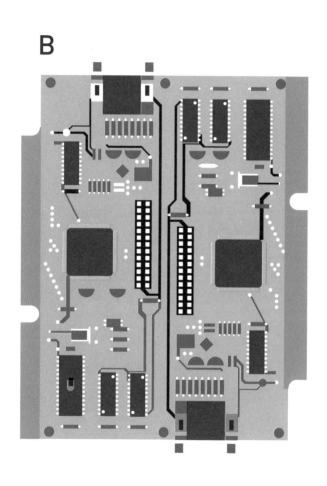

다음 그림에서 물음표 자리에 오는 것은 보기 A~E 중 어느 것인가?

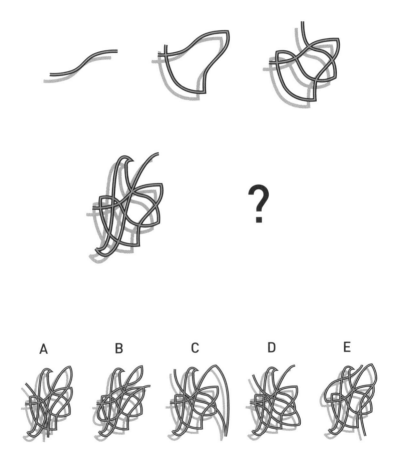

다음 그림에서 나머지와 다른 하나는 보기 A~H 중 어느 것인가?

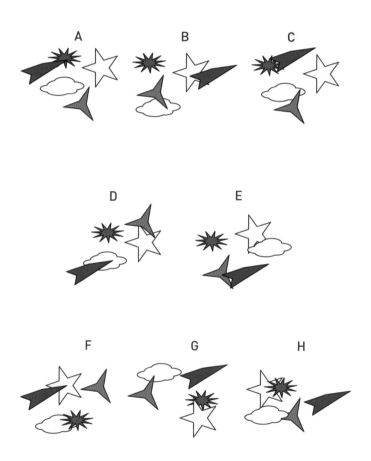

다음 그림에서 물음표 자리에 오는 것은 보기 A~D 중 어느 것인가?

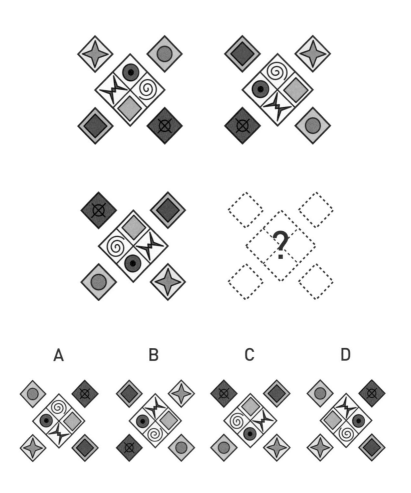

다음 그림에서 나머지와 다른 하나는 보기 A~D 중 어느 것인가?

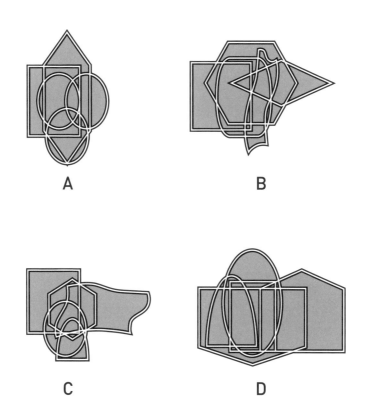

A

B

C

D

다음 그림에서 나머지와 다른 하나는 보기 A~H 중 어느 것인가?

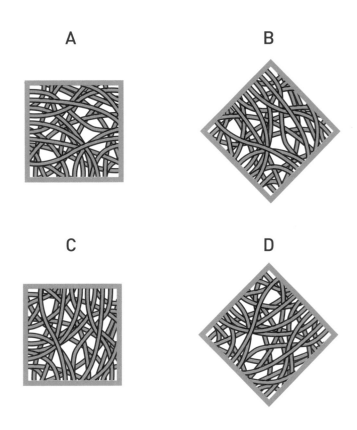

## E

## F

## G

## H

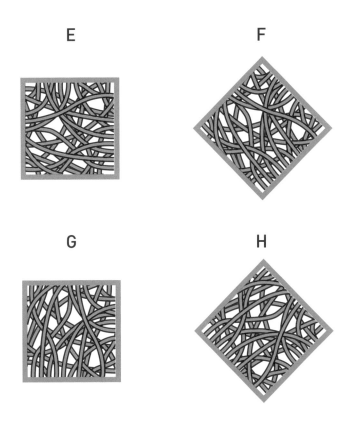

다음 그림에서 물음표 자리에 오는 것은 보기 A~D 중 어느 것인가?

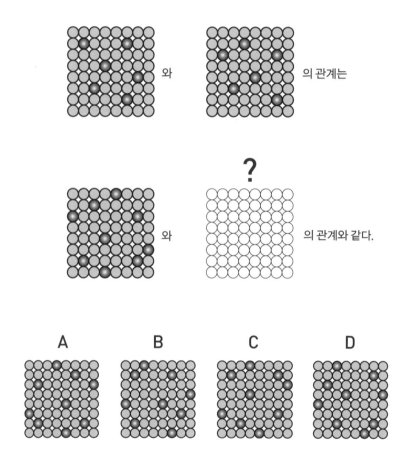

다음 그림에서 나머지와 다른 하나는 보기 A~D 중 어느 것인가?

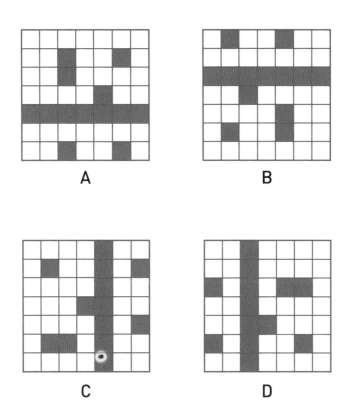

다음 연산은 다섯 자리 수를 곱하는 계산 과정을 나타낸 것이다. 기호들은 0부터 9까지의 숫자를 나타낸다. 물음표 자리에 들어갈 수 있는 기호는 보기 A~J 중 어느 것인가?

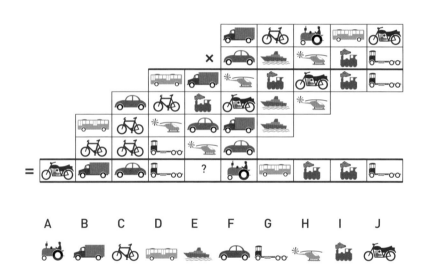

물음표 자리에 들어맞는 도형은 보기 A~F 중에서 어느 것인가?

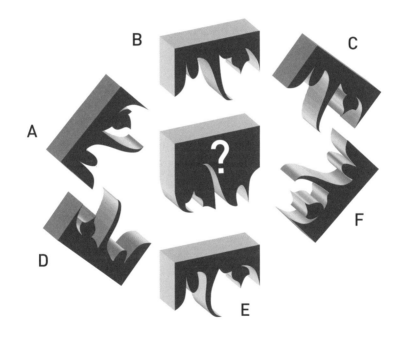

다음의 레버와 롤러 장치에서, 검은 점은 고정된 축이고 회색 점은 회전하는 축이다. 이때 그림과 같이 레버를 밀면() 하중이 상승하는가? 또는 하강하는가?

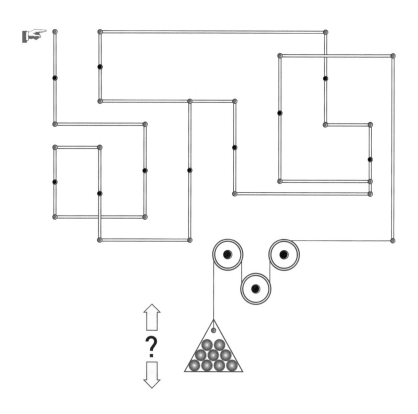

다음 그림에서 나머지와 다른 하나는 보기 A~D 중 어느 것인가?

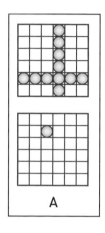

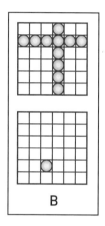

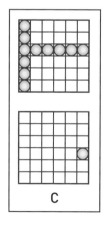

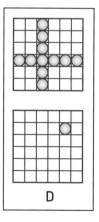

# 095

다음 그림에서 나머지와 다른 하나는 보기 A~D 중 어느 것인가?

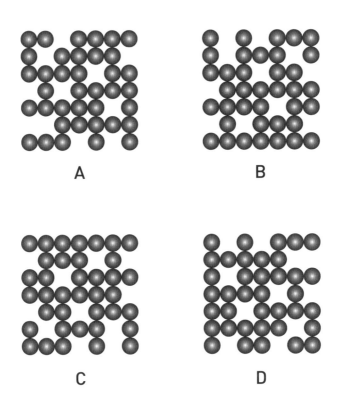

A

B

C

D

다음 그림의 각 열(보기 A~D, 보기 E~H)에서 나머지와 다른 하나는 각
각 어느 것과 어느 것인가?

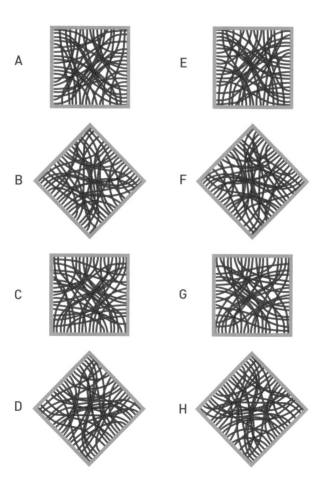

다음 연산에 쓰인 기호들은 0부터 9까지의 숫자를 나타낸다. 물음표 자리에 들어갈 수 있는 기호는 보기 A~J 중 어느 것인가? 칸 바깥에 있는 숫자들은 각 행의 합계다.

**단서**   맨 아래 기호 옆에 있는 작은 숫자들은 값을 더하면서 해당 자리에 올려야 하는 숫자를 나타낸다.

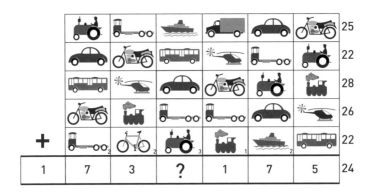

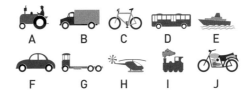

다음의 도르래 휠과 레버 장치에서, 검은 점은 고정된 축이고 빨간 점은 회전하는 축이다. 이때 그림과 같이 상단의 휠이 표시된 방향으로 회전되면 A와 B가 상승하는가? 또는 하강하는가?

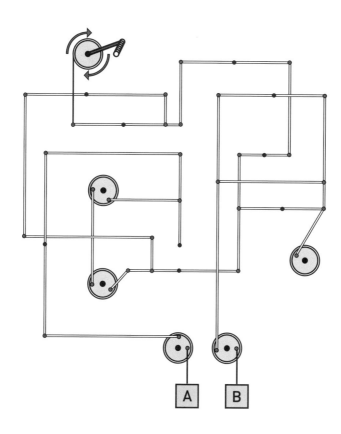

다음 그림에서 나머지와 다른 하나는 보기 A~D 중 어느 것인가?

A

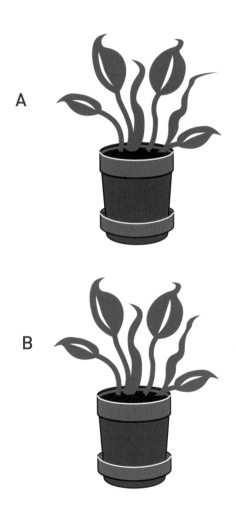

B

C

D

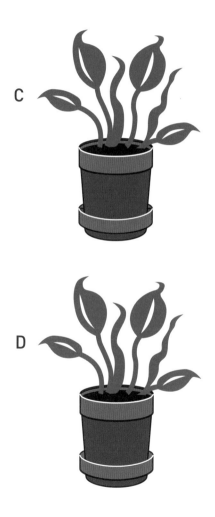

다음 그림에서 나머지와 다른 두 보기는 A~E 중 어느 것과 어느 것
인가?

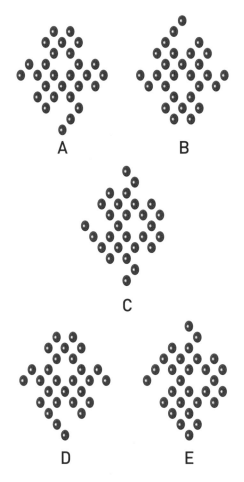

물음표에 들어갈 수 있는 숫자는?

258  269  212      237  217  254  268  242   ?

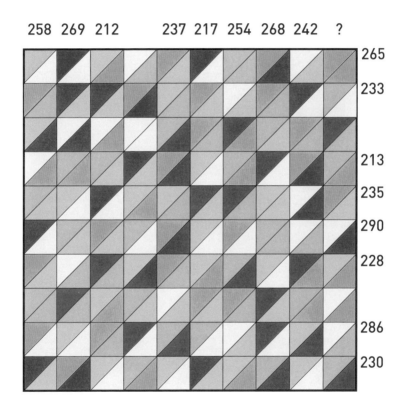

265
233
213
235
290
228
286
230

다음 그림에서 물음표 자리에 올 수 있는 것은 보기 A~E 중 어느 것인 가?

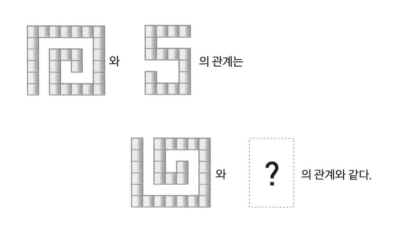

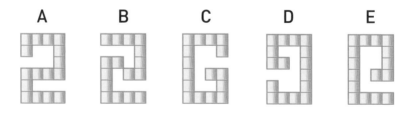

| A | B | C | D | E |

# 103

다음 그림과 같은 것은 보기 A~E 중 어느 것인가?

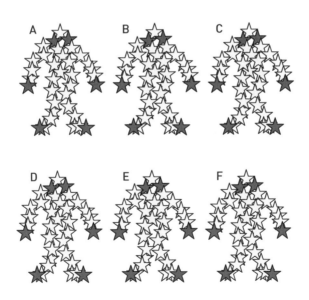

물음표에 들어갈 수 있는 물건들은?

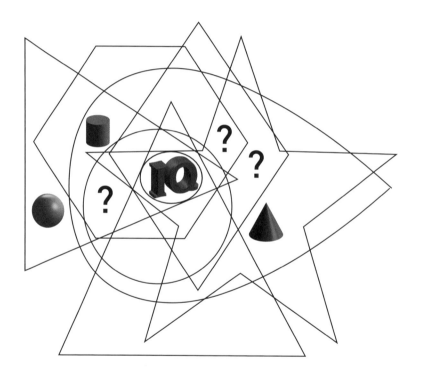

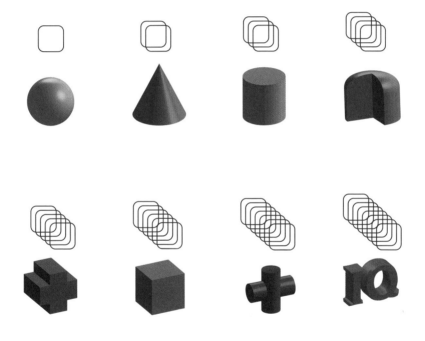

뱀, 드럼, 구름을 각 4개씩, 5개씩, 6개씩, 7개씩으로 묶어 모두 네 구역으로 나눌 수 있도록 직선 세 개를 그려라. 단, 선의 양 끝이 반드시 그림의 변에 닿을 필요는 없다.

다음 그림을 보고 같은 그림끼리 짝을 짓는다면?

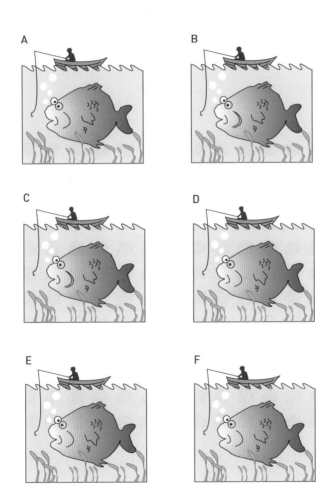

늙은 정원사인 링컨은 죽으면서, 자신의 손주들에게 각각 19송이의 장미 덤불을 남겼다. 손주들인 아그네스(A), 빌리(B), 카트리오나(C), 데릭(D)은 서로를 싫어했다. 그래서 그림과 같이 울타리를 쳐서 땅을 나누기로 결정했다. 누가 가장 긴 울타리를 만들었을까?

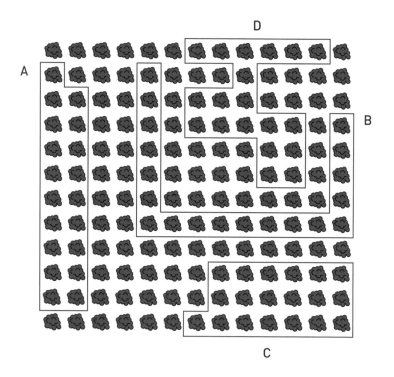

물음표에 들어갈 수 있는 숫자는?

94　　98　　75　　?

88

128

91

검은 점은 경첩이 있는 지점을 나타낸다. A와 B가 함께 이동하면 C와
D 지점이 함께 이동하는가, 아니면 따로 떨어지는가?

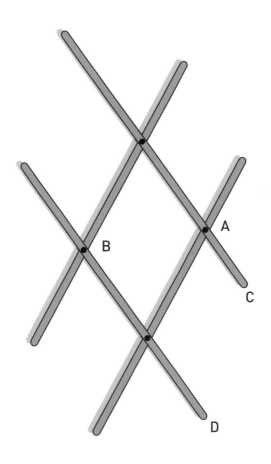

3개의 피라미드와 7개의 공을 한 묶음으로 해서 일곱 구역으로 나눌 수 있도록 네 개의 직선을 그려라. 단, 선의 양 끝이 반드시 그림의 변에 닿을 필요는 없다.

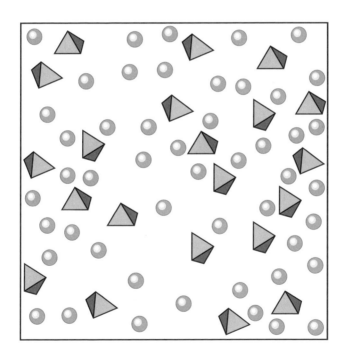

물음표 자리에 들어갈 그림은 보기 A~F 중 어느 것인가?

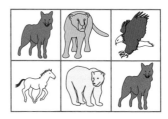

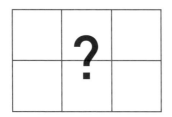
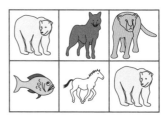

## A

## B

## C

## D

## E

## F

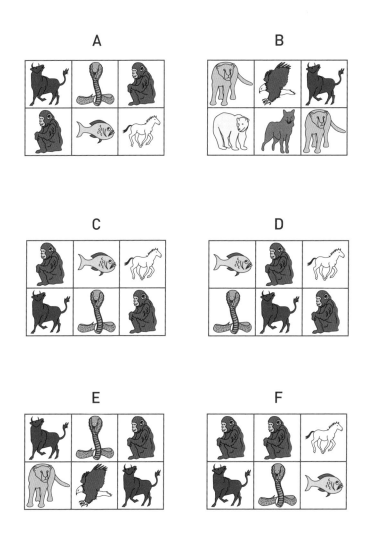

답:175쪽

물음표 자리에 들어갈 그림은 보기 A~H 중 어느 것인가?

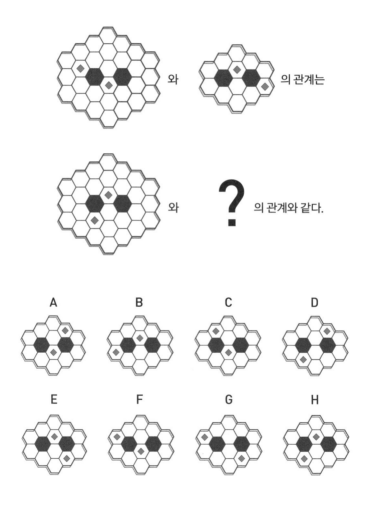

물음표 자리에 들어갈 그림은 보기 A~H 중 어느 것인가?

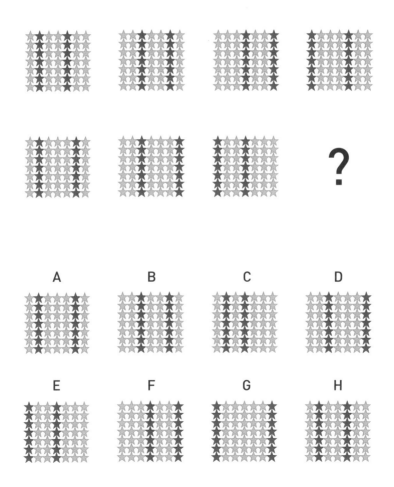

다음 그림에서 A의 휠을 화살표 방향으로 돌리면 아래 하중이 상승하는가, 아니면 하강하는가?

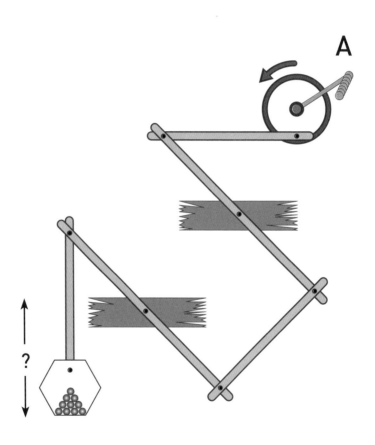

다음 장치는 균형을 이루고 있다. 검은 블록의 무게는 옅은 블록의 무게와 같다. 검은색 블록 위에 세 개의 검은 블록을 더 배치한다고 했을 때, 장치가 균형을 잡으려면 두 개의 옅은 블록을 어디에 배치해야 하는가?

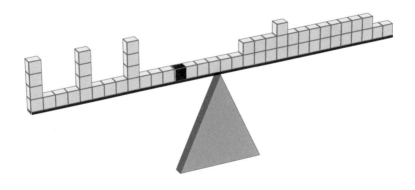

다음 중 나머지와 다른 하나는 그림 A~H 중 어느 것인가?

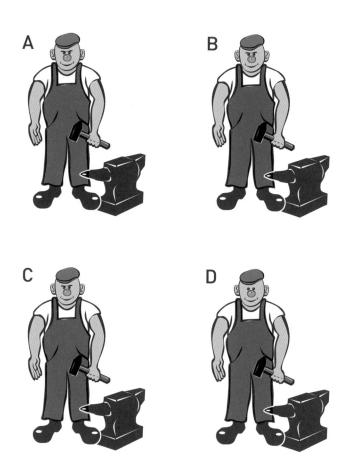

E

F

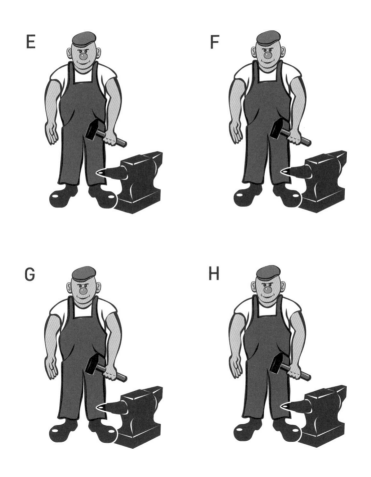

G

H

물음표에 들어갈 수 있는 알파벳은?

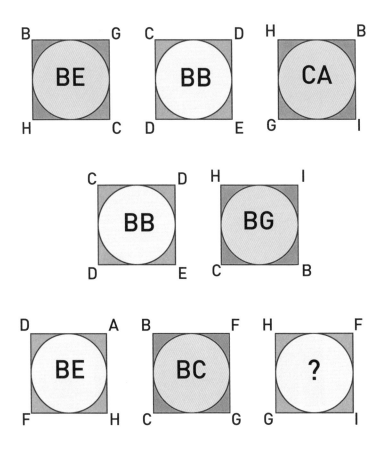

다음 중 나머지와 다른 하나는 그림 A~D 중 어느 것인가?

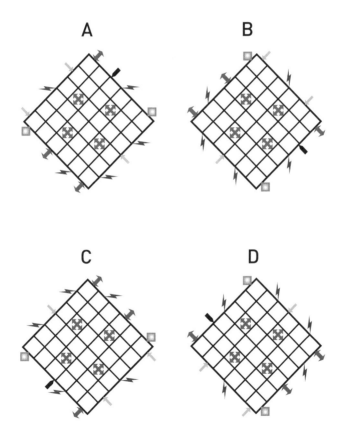

물음표 자리에 들어갈 수 있는 타일은 보기 A~D 중 어느 것인가?

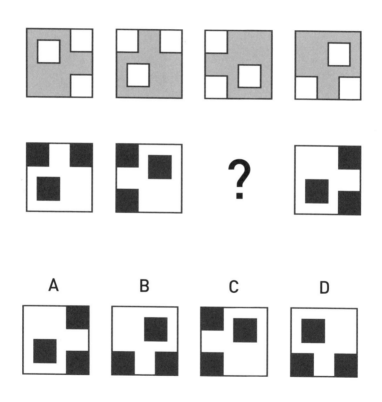

다음 중 나머지와 다른 하나는 그림 A~D 중 어느 것인가?

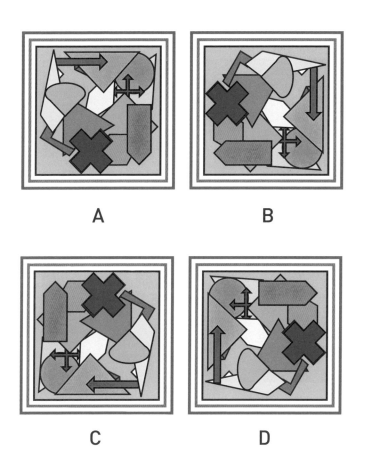

A

B

C

D

# 121

물음표 자리에 들어갈 수 있는 숫자는?

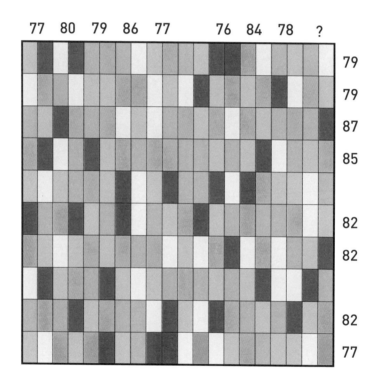

77 80 79 86 77   76 84 78 ?

79
79
87
85

82
82

82
77

물음표 자리에 들어갈 수 있는 패널은 보기 A~F 중 어느 것인가?

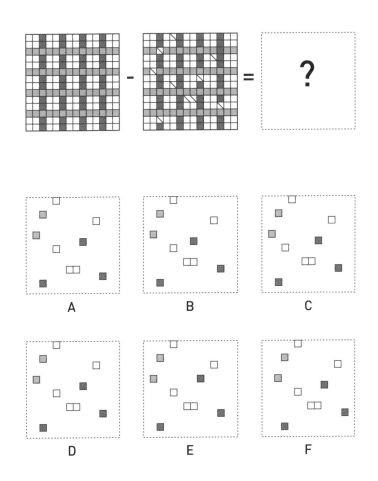

다음의 톱니바퀴와 레버 및 도르래 장치에서, 검은 점은 고정된 중심 축이고 빨간 점은 고정되지 않은 중심축이다. 또한 A와 B는 균형을 이루고 있는데, 이때 아래쪽에 있는 바퀴를 화살표 방향으로 돌리면 A와 B 중 어느 것이 올라가는가? 또는 어느 것이 내려가는가?

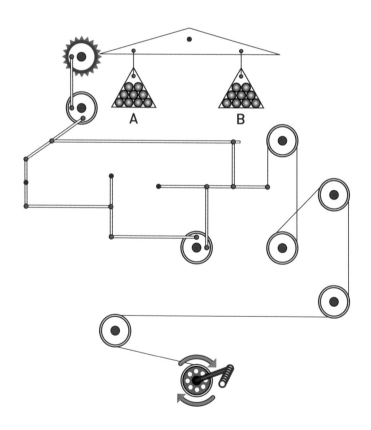

다음에서 물음표 자리에 올 수 있는 것은 보기 A~E 중 어느 것인가?

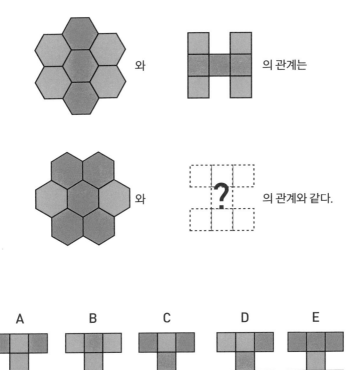

다음 그림에서 나머지와 다른 하나는 어느 것인가?

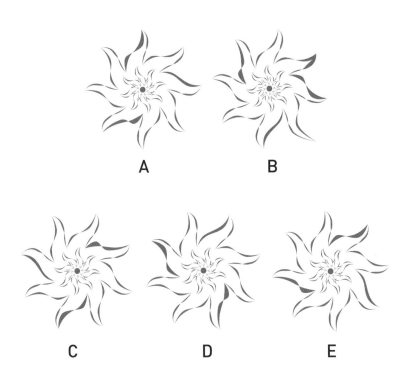

다음 그림에서 페달을 화살표 방향으로 돌리면 A와 B는 올라갈까? 또는 내려갈까?

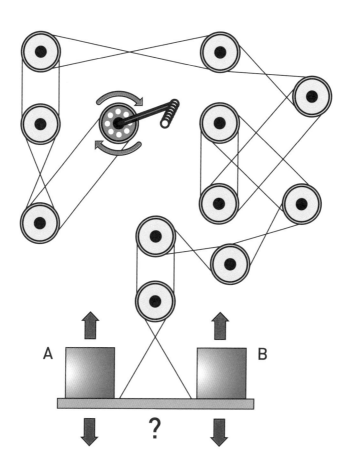

A

B

?

다음에서 물음표 자리에 올 수 있는 것은 보기 A~D 중 어느 것인가?

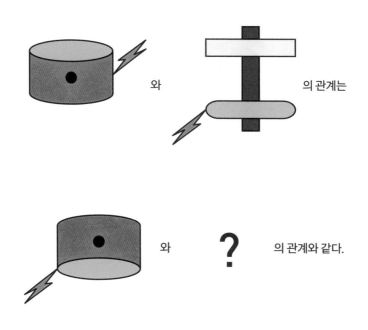

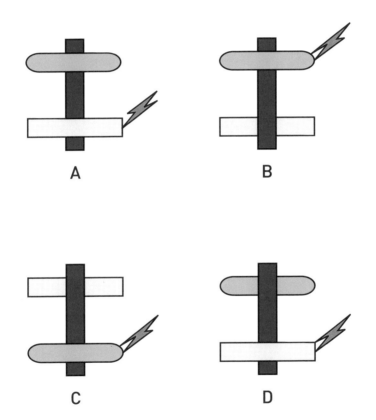

A

B

C

D

다음 그림에서 나머지와 다른 하나는 어느 것인가?

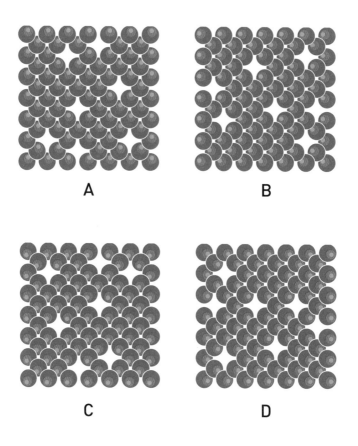

A

B

C

D

다음 그림에서 나머지와 다른 하나는 어느 것인가?

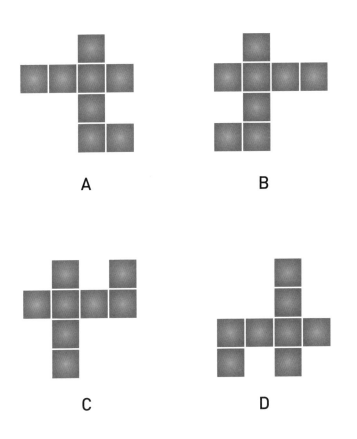

A

B

C

D

# 130

진공 상태인 행성의 절벽 꼭대기에서 벽돌을 하나 떨어뜨림과 동시에
대형 총으로 발사체를 지상과 평행이 되도록 발사하면 어떻게 될까?
다음 질문에 답해보자.

(a) 그들은 함께 지상으로 떨어지는가?

(b) 벽돌이 먼저 도달하는가? 아니면 발사체가 먼저 도달하는가?

다음에서 물음표 자리에 올 수 있는 것은 보기 A~D 중 어느 것인가?

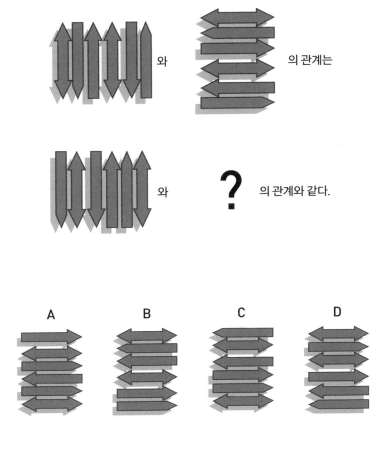

다음에서 물음표 자리에 올 수 있는 것은 보기 A~E 중 어느 것인가?

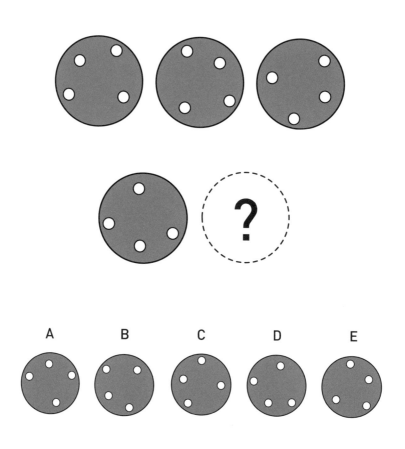

다음에서 물음표 자리에 올 수 있는 것은 보기 A~F 중 어느 것인가?

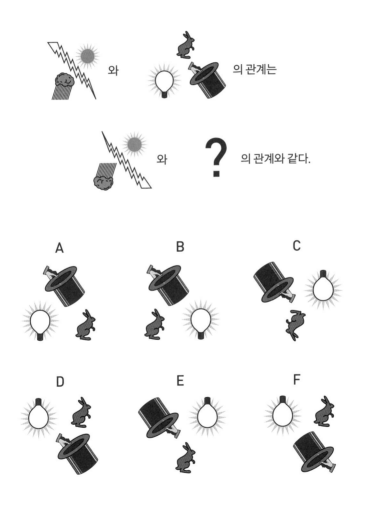

다음 그림에서 나머지와 다른 하나는 어느 것인가?

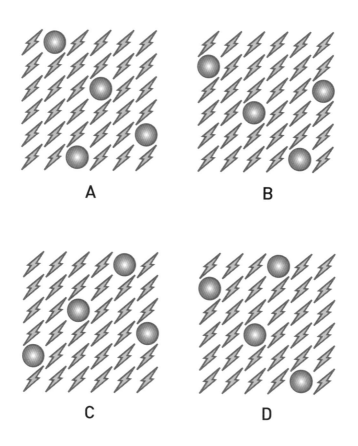

# 135

다음 그림에서 나머지와 다른 것은 어느 것과 어느 것인가?

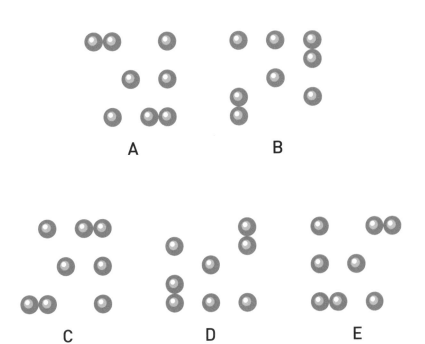

A                              B

C                    D                    E

그림 A와 그림 B에서 다른 점을 12개 찾아 그림 B에 표시하라.

A

B

# 해 답

**001**  A=24, B=22, C=25, D=23

★=7, ●=6, ■=5.

**002**  C

**003**  12

★= 3, ●= 2, ■= 5.

**004**  1열의 두 번째 줄에 있는 3D

**005**

| 2 | 4 | 7 | 3 | 1 |
| 4 | 6 | 0 | 5 | 1 |
| 7 | 0 | 1 | 2 | 4 |
| 3 | 5 | 2 | 6 | 8 |
| 1 | 1 | 4 | 8 | 9 |

**006**  A: 16

→ 1, 2, 3, 4, 5의 제곱.

B: 33

→ 각 숫자는 9씩 증가한다.

**007**  A

그림이 시계 방향으로 90°씩 회전한다.

**008**  C

수직선이 제거되고 수평선은 아래로
이동한다.

**009**  7

연속적인 소수들이 이어진다.

**010**  정사각형 2개

**011**  A4와 D1

**012**  B

다른 것들은 유럽어로 '예'라는 의미다.
Nein은 독일어로 '아니오'라는 의미다.

**013** C1과 D3

**014** 8

♥ = -2, ◆ = 3, ♣ = 4.

**015**

1) 8줄

2) 28줄

3) 세 마리 토끼가 세 줄에 있는 여섯 마
   리 토끼는 다음과 같이 할 수 있다.

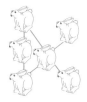 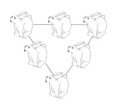

**016**   1) Monet (모네)

2) Dali (달리)

3) Rembrandt (렘브란트)

4) Donatello (도나텔로)

5) Ernst (에른스트)

6) van Gogh (반 고흐)

**017**   3

각 행에서 왼쪽 숫자에서 가운데 숫자
를 빼면 오른쪽 숫자가 나온다.

**018**   5시 25분

시침은 5시간씩 앞으로 움직이고, 분
침은 40분씩 앞으로 움직인다.

**019**   Switzerland (스위스)

**020**   Mike Tyson (마이크 타이슨)

**021**

| 1 | 5 | 4 | 7 | 6 |
|---|---|---|---|---|
| 5 | 2 | 0 | 3 | 3 |
| 4 | 0 | 8 | 5 | 8 |
| 7 | 3 | 5 | 2 | 6 |
| 6 | 3 | 8 | 6 | 4 |

**022** 가능한 합의 최솟값은 45, 가능한 합의 최댓값은 83이다.

**023** Beethoven (베토벤)

**024** 1) Galileo (갈릴레오)
2) Archimedes (아르키메데스)
3) Oppenheimer (오펜하이머)
4) Einstein (아인슈타인)
5) Heisenberg (하이젠베르크)
6) Bell (벨)
7) Fleming (플레밍)
8) Ampere (암페어)
9) Celsius (셀시어스)
10) Pascal (파스칼)

**025** 동쪽

맨 왼쪽 위 칸부터 아래로, 그리고 오른쪽 줄로 이동한 다음 위로 진행되며 북쪽, 남쪽, 북쪽, 동쪽, 서쪽이 반복된다.

**026** 4열 4행에 있는 2U

**027**

| | | | | |
|---|---|---|---|---|
| 6 | 8 | 1 | 2 | 4 |
| 8 | 0 | 9 | 5 | 2 |
| 1 | 9 | 9 | 6 | 7 |
| 2 | 5 | 6 | 5 | 1 |
| 4 | 2 | 7 | 1 | 3 |

**028** 31

이것만이 유일한 홀수다.

**029** F

**030**

| | | | | |
|---|---|---|---|---|
| 9 | 1 | 4 | 6 | 3 |
| 1 | 2 | 5 | 3 | 1 |
| 4 | 5 | 8 | 0 | 2 |
| 6 | 3 | 0 | 9 | 6 |
| 3 | 1 | 2 | 6 | 7 |

**031** **1달러, 25센트, 5센트, 1센트가 각각 4개씩**

**032** **10**
각 조각의 숫자를 합한 수는 대각선으로 반대에 있는 조각의 숫자들을 합한 수와 같다.

**033** **8시 5분**
시계는 매번 4시간 50분씩 앞으로 움직인다.

**034** **주황색**
삼각형의 숫자들을 모두 더해서 짝수가 나오면 주황색 삼각형, 홀수면 분홍색 삼각형이다.

**035** **44**
원 바깥의 세 수를 합해 2를 곱해서 나온 수를 원 가운데 써넣는다.

**036** **다이아몬드 3개**

**037** **5시 5분**
시계는 매번 1시간 25분씩 앞으로 움직인다.

**038** **2시 45분**
시침은 매번 2시간씩 앞으로 이동하며, 분침은 5분 앞, 10분 뒤를 번갈아 움직인다.

**039**  14

◆ = 6, ♥ = 4, ♣ = 3.

**040**  9시 15분

매번 시침은 1시간 앞으로, 분침은 15분 앞으로 이동한다.

**041**  69

**042**

| 4 | 5 | 1 | 9 | 2 |
| 5 | 6 | 3 | 1 | 4 |
| 1 | 3 | 9 | 5 | 1 |
| 9 | 1 | 5 | 7 | 8 |
| 2 | 4 | 1 | 8 | 2 |

**043**  서쪽

순서는 서, 남, 동, 북, 북이며, 1열을 내려가고 2열은 아래에서 위로 올라오며 3열은 다시 내려가는 등의 방식으로 오르내린다.

**044**  E

**045**  4가지

**046**  21

★ = 5, ● = 4, ■ = 8.

**047**  52

✳ = 17, ◯ = 13, ▢ = 21.

**048**  D

작은 사각형은 시계 방향으로 움직이며, 매번 원에 선이 하나씩 추가된다. T는 시계 반대 방향으로 180° 회전하며 움직인다.

**049  1**

가운데 행에서 맨 위 행을 빼면 세 번째 행의 숫자들이 나온다.

**050  8**

첫 번째 행과 두 번째 행을 더하면 세 번째 행의 숫자들이 나온다.

**051  C**

원은 시계 반대 방향으로 90°, 직선은 시계 방향으로 45°, 직사각형은 시계 방향으로 90° 움직인다.

**052  8, 8, 12**

가운데 숫자와 삼각형의 왼쪽 숫자가 같다. 각 삼각형의 위쪽과 왼쪽의 수를 더하면 오른쪽의 숫자가 나온다.

**053  18**

★ = 6, ● = 5, ■ = 4.

**054  0과 5**

위의 행에서 바로 아래 행을 빼면 그 다음 행의 숫자들이 답이다.
(7853−5064= 2789)

**055  1과 6**

각 행의 왼쪽 끝과 오른쪽 끝 숫자를 더해 가운데 두 개의 숫자를 구한다.

**056  A : 65, B : 400**

다른 숫자들은 모두 10으로 나누어진다. B에서 다른 숫자들은 모두 9로 나누어진다.

**057  E**

**058**  1) Minnesota (미네소타)

2) Texas (텍사스)

3) Alaska (알래스카)

4) California (캘리포니아)

5) Florida (플로리다)

6) Louisiana (루이지애나)

**059**  7

■=2, ■=3, ■=4, ■=5이다.

**060**  Boston (보스턴), Dallas (댈러스), Denver (덴버), Newark (뉴어크)

마주 보는 조각을 짝지어 보면 알 수 있다.

**061**

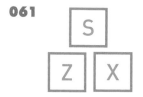

컴퓨터 키보드의 위치와 같다.

**062**  Winnipeg (위니펙)

**063**  A

윗줄 왼쪽과 오른쪽은 각각 보그와 그라프(Borg and Graf)이며, 아랫줄 왼쪽과 오른쪽은 아가시와 캐시(Agassi and Cash)이다. 삼각형 안에 있는 글자들은 각각 스웨덴인(Swedish), 독일인(German), 미국인(American), 오스트레일리아인(Australian)을 나타낸다.

**064**  1) Carter (카터)

2) Eisenhower (아이젠하워)

3) Johnson (존슨)

4) Reagan (레이건)

5) Roosevelt (루즈벨트)

**065**  Portland (포틀랜드)

**066**  Michael Chang (마이클 창)

**067** Tony Curtis (토니 커티스)

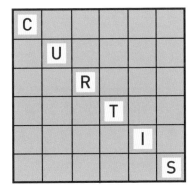

**068** 0

Cairo(카이로), Hanoi(하노이), Seoul (서울), Tokyo(도쿄).

**069** 1) Yul Brynner (율 브린너)

2) Cary Grant (캐리 그랜트)

3) Clark Gable (클라크 게이블)

4) Keanu Reaves (키아누 리브스)

5) Tony Curtis (토니 커티스)

**070**

| R | N | B | L | F | K | X | C | D | R |
|---|---|---|---|---|---|---|---|---|---|
| E | N | D | C | W | Q | H | S | O | E |
| N | E | G | A | W | S | K | L | O | V |
| A | O | H | J | K | O | L | B | P | O |
| U | R | G | V | D | S | F | Y | J | R |
| L | T | C | A | R | A | U | G | A | J |
| T | I | T | O | E | G | U | E | P | M |
| P | C | Y | T | O | Y | O | T | A | B |
| J | C | F | V | G | Z | C | W | D | K |
| E | K | D | P | M | H | Q | G | Y | F |

**071** 1) Bill Clinton (빌 클린턴)

2) Abraham Lincoln (에이브러햄 링컨)

3) George Washington (조지 워싱턴)

4) Harry S. Truman (해리 S. 트루먼)

5) John F. Kennedy (존 F. 케네디)

6) Ulysses Grant (율리시스 그랜트)

**072** Tom Cruise (톰 크루즈), Mel Gibson (멜 깁슨), Robert De Niro (로버트 드 니로), Steve Martin (스티브 마틴), Whoopi Goldberg (우피 골드버그), Jane Fonda (제인 폰다)

| | | | | | | | |
|---|---|---|---|---|---|---|---|
| O 45 | T 32 | E 11 | S 16 | I 47 | O 30 | T 1 | I 14 |
| M 10 | O 17 | P 46 | S 31 | L 12 | B 15 | G 48 | R 29 |
| E 33 | O 44 | G 55 | N 58 | D 51 | N 62 | G 13 | O 2 |
| N 18 | E 9 | B 52 | O 61 | R 54 | A 57 | I 28 | O 49 |
| H 43 | V 34 | E 59 | J 56 | D 63 | L 50 | M 3 | T 24 |
| S 8 | R 19 | A 64 | E 53 | F 60 | D 25 | R 38 | N 27 |
| E 35 | W 42 | B 21 | U 6 | A 37 | I 40 | R 23 | C 4 |
| O 20 | I 7 | M 36 | N 41 | E 22 | R 5 | E 26 | T 39 |

**073** Huron (휴론), Erie (에리), Apal (아팔), Baykal (바이칼), Cha (차), Onega (오네가), Eyre (에이어), Erne (에른), Neagh (네그), Volta (볼타), Geneva (제네바).

**074** Arnold Palmer (아놀드 파머), Nick Faldo (닉 팔도), Tom Watson (톰 왓슨), Nick Price (닉 프라이스), Gary Player (게리 플레이어)

| | | | | | | |
|---|---|---|---|---|---|---|
| O 23 | P 44 | C 33 | A 8 | O 21 | R 42 | N 31 |
| K 34 | A 1 | T 22 | Y 43 | I 32 | P 7 | D 22 |
| L 45 | M 24 | L 9 | R 12 | C 15 | N 30 | A 41 |
| R 2 | P 35 | I 14 | Y 47 | M 10 | L 19 | D 6 |
| W 25 | A 46 | E 11 | K 16 | N 13 | G 40 | O 29 |
| R 36 | N 3 | E 48 | T 27 | C 38 | L 5 | A 18 |
| R 49 | A 26 | I 37 | O 4 | F 17 | S 28 | E 39 |

**075** C

**076** D

각 행의 왼쪽에서 시작하여, 움직일 때마다 물체는 오른쪽 위로 굴러간다.

**077** A

순서는 각 형상의 밀폐된 공간의 수에 따라 배열된다.

**078** B

두 개의 노란색 태양 기호 위치가 서로 바뀌었다.

**079** D

다른 보기들은 모두 아래쪽 그림이 각도를 달리한 같은 도형이다. D는 위쪽 그림이 나머지 아래쪽 그림과 같다.

**080** 둘 다 내려간다.

**081** B

두 태양빛 문양이 시계 방향으로 한 칸씩 이동하며 사라진다.

**082** A는 움직이지 않고, B는 내려간다.

**083**

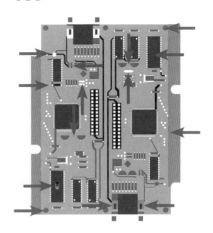

**084** B

항상 이전 패턴의 끝에 두 개의 이중 곡선이 추가되며, 마지막으로 추가된 새로운 선 끝에서 다음 패턴을 시작한다.

**085** A

다른 보기들은 서로 겹치는 물체가 두 쌍 있다.

**086** D

안쪽 모양은 시계 반대 방향으로 회전하고, 바깥쪽 모양은 시계 방향으로 회전한다.

**087** D

다른 보기들과 달리 모든 모양이 겹치는 곳이 없다.

**088** G

검정색으로 표시된 선이 누락되었다.

**089** B

도형을 시계 방향으로 90° 회전한 뒤 위아래를 뒤집는다.

**090** C

수직선 기준 왼쪽 블록의 칸이 다른 보기의 위치와 다르다.

**091** G

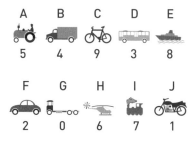

| A | B | C | D | E |
|---|---|---|---|---|
| 5 | 4 | 9 | 3 | 8 |

| F | G | H | I | J |
|---|---|---|---|---|
| 2 | 0 | 6 | 7 | 1 |

**092** C

**093** 상승할 것이다.

**094** D

아래 원의 위치는 위쪽 그림이 180° 회전했을 때 두 선이 교차하는 지점을 나타낸다.

## 095  A

A 기준으로 맨 윗줄과 맨 오른쪽 줄의 원 모양 배치가 다르다.

## 096  D와 G

검정색 선이 둘 다 빠져 있다.

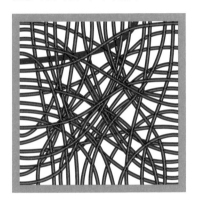

## 097  C

자전거(값 = 0)가 사라졌다.

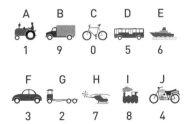

## 098  둘 다 상승할 것이다.

## 099  A

오른쪽 줄기의 끝부분이 다른 보기들보다 길다.

## 100  A와 E

B, C, D는 서로 회전된 이미지들이다.

## 101  256

▲ = 7, ◹ = 6, ◣ = 5, ◺ = 4, ◤ = 3의 값을 지닌다. 각 정사각형 안의 색상은 곱하고 사각형끼리는 더한다.

## 102  A

도형 위아래를 뒤집은 것이다.

## 103  F

다른 모든 것들은 하나 이상의 다른 점이 있다.

## 104

기호는 그것이 속해 있는 형상들의 수를 기준으로 한다. 예를 들어 원뿔(오른쪽 아래)은 두 가지 모양 안에 속해 있고, 원기둥은 세 가지 형태 안에 있다.

## 105

## 106  A와 F, B와 C, D와 E

B와 C는 아가미 모양이, D와 E는 지느러미 모양이 서로 같다.

## 107  B

빌리의 땅이 가장 큰 둘레를 가지고 있다.

## 108  116

⬜ = 8, ◣ = 6, ◢ = 3, ◤ = 2의 값을 가진다. 각 정사각형의 반쪽을 서로 곱한 다음 같은 줄의 정사각형 값을 모두 더한다.

## 109  떨어져 나갈 것이다.

## 110

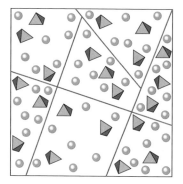

## 111 C
모든 동물 타일을 반복해 넣으면서 (전체적으로 네 번씩 고르게 등장) 각 구획의 상단 끝과 하단 끝에 대각선으로 같은 타일을 넣는다.

## 112 A
도형이 작아지고, 위아래와 좌우가 모두 뒤집힌다.

## 113 H
빨간색 별 기둥들은 한 번에 한 칸씩 오른쪽으로 이동하며, 기둥이 오른쪽 가장자리에 이르면 다시 왼쪽 가장자리로 돌아온다.

## 114 상승할 것이다.

## 115
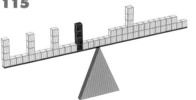

## 116 D
그림에 눈썹이 없다.

## 117 CF
모든 꼭짓점의 알파벳을 순서에 따라 숫자로 바꾸고 더한다. 그다음 주황색 사각형에서는 5를 더하고 파란색 사각형에서는 6을 더해 그 값을 사각형 가운데에 알파벳으로 넣는다.

## 118 C
보기 왼쪽 하단에서 번개 표시와 검은색 기둥 모양의 위치가 바뀌었다.

## 119 D
시계 반대 방향으로 90°씩 움직인다.

## 120 D
빨간색 화살표가 노란색 물체 앞으로 나왔다.

**121** 79

⬜=2, ⬛=3, ⬜=4, ⬜=5, ⬜=6의 값을
가진다. 각 줄에 있는 사각형을 모두
더한다.

**122** D

**123** A가 올라가고, B가 내려간다.

**124** C

도형을 90° 돌리고 사각형 형태로 바
꾼다.

**125** B

3가지 변화가 있다.

**126** A가 올라가고, B가 내려간다.

**127** A

보기와 같이 번개 표시는 뒤집히며 좌
우 위치도 바뀐다.

**128** D

다른 보기들과 비교해서 공 하나가 다
르게 이동했으며, 다른 보기들은 모두
같은 그림을 회전시킨 모양이다.

**129** B

이것은 다른 모든 보기들의 거울상이다.

**130** (a) 그들은 함께 땅에 떨어질
것이다.(비록 사이는 훨씬 더 멀리 벌어
지겠지만)
(b) 발사체는 발사되는 즉시 중력에 노
출되며, 앞으로 향하는 힘이 있지만 벽
돌과 거의 동일한 하강 속도로 지면에
접근할 것이다.

**131** C

그림이 시계 방향으로 90° 회전한다.

**132** B

반점은 매번 시계 방향으로 5분의 1(72°) 회전한다.

**133** F

세트 내의 물체들은 위치를 옮기지 않은 채, 그 중 두 물체가 180° 회전한다.

**134** B

보라색 공들의 위치가 반전되어 있다.

**135** C와 E

다른 보기들의 거울상이다. 다른 보기들은 같은 모양을 다르게 회전시킨 것이다.

**136**

# 멘사퍼즐 패턴게임
IQ148을 위한

1판 1쇄 펴낸 날 2024년 2월 5일

지은이 브리티시 멘사
주간 안채원
외부 디자인 이가영
편집 윤대호, 채선희, 윤성하, 장서진
디자인 김수인, 이예은
마케팅 함정윤, 김희진

펴낸이 박윤태
펴낸곳 보누스
등록 2001년 8월 17일 제313-2002-179호
주소 서울시 마포구 동교로12안길 31 보누스 4층
전화 02-333-3114
팩스 02-3143-3254
이메일 bonus@bonusbook.co.kr

ISBN 978-89-6494-666-4  04410

### 멘사 논리 퍼즐
필립 카터 외 지음 | 250면

### 멘사 문제해결력 퍼즐
존 브렘너 지음 | 272면

### 멘사 사고력 퍼즐
켄 러셀 외 지음 | 240면

### 멘사 사고력 퍼즐 프리미어
존 브렘너 외 지음 | 228면

### 멘사 수학 퍼즐
해럴드 게일 지음 | 272면

### 멘사 수학 퍼즐 디스커버리
데이브 채턴 외 지음 | 224면

### 멘사 시각 퍼즐
존 브렘너 외 지음 | 248면

### 멘사 아이큐 테스트
해럴드 게일 외 지음 | 260면

### 멘사 아이큐 테스트 실전편
조세핀 풀턴 지음 | 344면

**멘사 추리 퍼즐 1**

데이브 채턴 외 지음 | 212면

**멘사 추리 퍼즐 2**

폴 슬론 외 지음 | 244면

**멘사 추리 퍼즐 3**

폴 슬론 외 지음 | 212면

**멘사 추리 퍼즐 4**

폴 슬론 외 지음 | 212면

**멘사 탐구력 퍼즐**

로버트 앨런 지음 | 252면

**멘사퍼즐 논리게임**
브리티시 멘사 지음 | 248면

**멘사퍼즐 사고력게임**
팀 데도풀로스 지음 | 248면

**멘사퍼즐 아이큐게임**
개러스 무어 지음 | 248면

**멘사퍼즐 추론게임**
그레이엄 존스 지음 | 248면

**멘사퍼즐 두뇌게임**
존 브렘너 지음 | 200면

**멘사퍼즐 수학게임**
로버트 앨런 지음 | 200면

**멘사퍼즐 숫자게임**
브리티시 멘사 지음 | 256면

**멘사퍼즐 로직게임**
브리티시 멘사 지음 | 256면

**멘사퍼즐 공간게임**
브리티시 멘사 지음 | 192면

**멘사코리아 사고력 트레이닝**
멘사코리아 퍼즐위원회 지음 | 244면

**멘사코리아 수학 트레이닝**
멘사코리아 퍼즐위원회 지음 | 240면

**멘사코리아 논리 트레이닝**
멘사코리아 퍼즐위원회 지음 | 240면